U0728573

"十四五"职业教育部委级规划教材

浙江省绿色食品生产技术高水平专业群建设成果系列教材

食品标准与法规

Shipin Biaozhun Yu Fagui

李彦坡　贾洪信　郭元晟◎主编

中国纺织出版社有限公司

内容提要

本书以职业岗位需求和专业人才培养要求为导向进行内容设计,系统介绍了包括食品法律法规基础知识、国际和部分发达国家食品相关法律法规、标准与标准化、食品生产过程相关法律法规与标准、食品市场准入与认证、食品经营过程相关法律法规、食品流通与贮运相关法律法规、食品职业道德的相关内容。本书编写中结合二维码的使用,力求内容丰富、简明扼要、特色突出与科学实用,适合作为高等职业院校、中等职业院校食品智能加工技术、食品营养与检测、食品检测技术、食品药品监督管理及食品质量与安全等专业教学用书,同时也可供食品行业、企业和监管部门人员培训及参考使用。

图书在版编目(CIP)数据

食品标准与法规 / 李彦坡,贾洪信,郭元晟主编
. —北京:中国纺织出版社有限公司,2022.1(2024.8重印)
"十四五"职业教育部委级规划教材
ISBN 978 - 7 - 5180 - 8841 - 6

Ⅰ.①食… Ⅱ.①李…②贾…③郭… Ⅲ.①食品标准—世界—高等职业教育—教材②食品卫生法—世界—高等职业教育—教材 Ⅳ.①TS207.2②D912.16

中国版本图书馆 CIP 数据核字(2021)第 176737 号

责任编辑:郑丹妮 国 帅   责任校对:楼旭红
责任印制:王艳丽

中国纺织出版社有限公司出版发行
地址:北京市朝阳区百子湾东里 A407 号楼 邮政编码:100124
销售电话:010—67004422 传真:010—87155801
http://www.c-textilep.com
中国纺织出版社天猫旗舰店
官方微博 http://weibo.com/2119887771
三河市宏盛印务有限公司印刷 各地新华书店经销
2022 年 1 月第 1 版 2004 年 8 月第 2 次印刷
开本:787×1092 1/16 印张:10.75
字数:256 千字 定价:49.80 元

《食品标准与法规》编委会成员

前　言

中国改革开放走过了 40 多年波澜壮阔的不平凡历程,极大地解放了社会生产力,提升了人民的物质生活水平,谱写了国家和民族发展的壮丽史诗。

改革开放前,食品安全问题主要还是"卫生"问题,因为在计划经济体制下,食品的生产、销售等都实行高度集中的行政管理,那时的食品安全监管主要是采取数量有限的行政措施,并没有设置刑事制裁。

随着社会变革的需求,我国开始了关于食品卫生的法律制定。1979 年,国务院颁布《中华人民共和国食品卫生管理条例》;1983 年 7 月 1 日,《中华人民共和国食品卫生法(试行)》开始实施。之后,国家又陆续制定和颁布了单项法规和相应的检验方法,初步奠定了我国食品安全保障的基本框架。1995 年 10 月,国家颁布了《中华人民共和国食品卫生法》。2009 年 2 月 28 日,《中华人民共和国食品安全法》(简称《食品安全法》)由全国人大常务委员会发布,于当年 6 月 1 日起施行。根据《中华人民共和国食品安全法》第 104 条,《中华人民共和国食品卫生法》自 2009 年 6 月 1 日起废止,取而代之的是《中华人民共和国食品安全法》。

《食品安全法》把食品安全建立在全食品产业链的基础上,食品安全管理取代了食品卫生管理,取得了一定的积极意义。《食品安全法》于 2015 年进行了修订,"史上最严"的食品安全法出台,以最严谨的标准、最严格的监管、最严厉的处罚、最严肃的问责,严把"从农田到餐桌"的每一道防线。现行《中华人民共和国食品安全法》于 2021 年 4 月 29 日第二次修正。

食品安全的检测和监管离不开标准和标准化。在《食品安全法》颁布之前,我国是世界上唯一有多套国家级食品标准的国家。2012 年底,原卫生部启动了食品标准的清理工作。2016 年,原中华人民共和国国家卫生和计划生育委员会宣布,我国清理整合现行食品标准工作已经完成,经过移交、废止、修订等工作,目前食品安全国家标准有 1000 多项,有效解决了以往食品标准间矛盾、交叉、重复等问题。食品的监管纳入被称为"超级部门"的国家市场监督管理总局。今后的食品市场监管将会更加趋于统一,市场监管的行政许可和各监管环节将会更加紧密协调。

《食品标准与法规》教材紧密结合食品安全热点问题,共用九个项目的内容系统地讲授了食品相关的标准和法律法规。本书主要从食品法律法规必备知识入手,以一个食品从业者角度,从食品生产、食品经营、食品物流方面分别介绍食品从业者所必备的食品法律法规,并就目前食品行业存在的容易违法违规的方面重点介绍,如企业标准的编写、预包装食品标签与营养标签的设计与使用,使学生今后能够掌握食品从业过程中的法律法规。

本书特点:

①以从业者的角度介绍,适合食品从业者、高等职业院校和高等专科院校学生学习。

②遵循食品生产、经营、物流等食品产业链发展规律,逻辑清晰,易于学习。

③针对存在较多的违法违规问题进行重点专题介绍,实用性强。

④以二维码形式展示法律,确保修订更新的法律法规及时更新。

本教材由李彦坡老师负责统稿,教材内容和具体分工如下:

项目一食品标准与法规探讨由贾洪信、郭靖雯合作编写完成;项目二食品法律法规基础知识由徐莉莉负责编写完成;项目三国际和部分发达国家食品相关法律法规由贾洪信、吴耀华和刘息冕合作编写完成;项目四标准与标准化由郭元晟和严汉彬合作编写完成;项目五食品生产过程相关法律法规与标准由贾洪信负责编写;项目六食品市场准入与认证由佟海龙负责编写完成;项目七食品经营过程相关法律法规由刘息冕负责编写;项目八食品流通与贮运相关法律法规由李彦坡负责编写;项目九食品职业道德由严汉彬负责编写。

同时非常感谢陕西师范大学张清安教授的悉心指导,感谢农业农村部食物与营养发展研究所的刘锐、银川市市场监督管理局的李国荣、深圳市中证安康检测技术有限公司的陈雪欣在教材编写过程中给予的多方面宝贵意见和帮助。

本书既可作为食品智能加工技术、食品营养与检测、食品检测技术等相关专业的教材使用,也可作为食品生产及进出口贸易企业、食品安全质量认证及咨询人员培训或参考用书。

编者

2021 年 7 月

目　录

项目一 食品标准与法规探讨

预期学习目标

1. 掌握标准和法规的定义及本书学习方法路线图；
2. 熟悉标准和法规的功能和关系；
3. 了解标准和法规在国际贸易中的作用。

一、相关案例导读

案例1：2016年6月3日，小李下班后去超市采购，见到有服务员在促销火腿，小李一看火腿的价格很实惠，就买了很多。回家以后，小李觉得火腿很香，就不由自主地多吃了点。可是小李吃完火腿后胃里就开始不舒服，呕吐不停。小李的父母见状赶紧把他送到了医院，医生经过诊疗，断定小李吃的火腿有问题，制作火腿的肉已经变质了。

讨论：此时小李该如何维护自己的合法权益呢？有哪些途径？

案例2：随着《舌尖上的中国》第三季的播出，人们对于养生与药膳日渐重视，某食品生产有限公司欲推出一款新的药膳饮料，为了打开该饮料的市场，树立品牌，该公司聘请某当红明星担任代言人。为了赢得消费者的信赖，提高销售量，该公司在这款饮料中添加了白芷、百合、阿胶等数十种物质，并在广告中进行了大力宣传，称该饮料中添加了数十种中药，具有活血化瘀、疏通经络的功效。因该公司成功抓住了当下消费者注重养生的心理，所以这款药膳饮料深受消费者的喜爱，大受好评。

讨论：在现实社会中，有很多公司或企业打着食品或饮品具有药用价值的口号，销售商品，请问这些"药膳"符合《中华人民共和国食品安全法》的规定吗？

案例3：贺某在某农产品市场租赁了一个摊位卖水果，他所销售的都是一些鲜果，如葡萄、提子、芒果等。这些水果经常需要从很远的地方进货，有的甚至是从外国进口过来的。为了保持这些水果的新鲜和美观，必须进行良好的包装，但是包装费昂贵。贺某为了节约成本，所用的包装袋都是最便宜的，这种包装袋散发着一股刺鼻的气味。贺某旁边摊位另一个卖水果的人告诉贺某，他的这种行为是违法的，如果被市场管理部门检查出来是要受到处罚的。可是贺某认为，反正消费者都是洗干净水果之后才吃的，包装袋不符合相关的标准也没问题。

讨论：你赞同水果摊主的看法吗？你认为食品包装袋是否要符合食品相关的要求？

二、标准与法规的含义、区别和对食品专业学生的意义

食品标准与法规是从事食品生产、加工、贮存及运销等必须遵守的行为准则，是食品工业能够持续健康快速发展的根本保障。在市场经济的法律体系中，食品标准与法规具有十

分重要的地位,它是规范食品生产、加工、贮存、运输与营销,实施政府对食品质量与安全的管理与监督,确保消费者合法权益,以及维护社会和谐与可持续发展的重要依据。

(一)标准与法规概述

标准与法规是保证市场经济正常运转和公平竞争的一个重要的工具。人类社会的各种活动都不可能是孤立的,人与人之间、群体与群体之间会由于利益和价值取向的差异产生各种矛盾或纠纷,这就需要建立一定的行为规范和相应的准则,调整或约束人们的社会活动和生产活动,以维持良好的社会秩序。

1.标准与法规的定义

标准是人们在社会活动(包括生产活动)中的行为准则,是一种特殊规范。我国国家标准中规定,标准是为了在一定范围内获得最佳程序,经协商一致制定并由公认机构批准,共同使用和重复使用的一种规范性文件,并将国家标准、行业标准分为强制性标准和推荐性标准。保障人体健康、人身安全和财产安全的标准和法律,以及行政法规规定需强制执行的标准是强制性标准,不符合强制性标准的产品禁止生产和销售;其他标准是推荐性标准,国家鼓励企业自愿采用。

在《世界贸易组织贸易技术壁垒协议》中,标准是指为了通用或反复使用的目的,由公认机构批准的非强制性的文件;标准规定了产品、相关加工或生产方法的规则、指南和特性。标准也可以包括专门适用于产品、加工或生产方法的术语、符号、包装标志或标签要求。

标准是社会和群体共同意识的表现,标准不针对具体个人,而是针对某类人在某种情况下的行为规范,是进行社会调整、建立和维护社会正常秩序的工具。因此,标准不仅要被社会认同,还必须经过公认的权威机构批准。标准是一把双刃剑,设计良好的标准可以提高生产效率、确保产品质量、规范市场秩序和促进国际贸易,但人们同时也可以利用标准技术水平的差异设置国际贸易壁垒,保护本国市场利益。因此,标准的制定应出于保证产品质量、保护生命或健康、保护环境、防止欺诈等合理目标。标准还受社会经济制度的制约,是一定经济要求的体现,但这种体现是利益相关方平等协商和协调的产物。标准的应用非常广泛,涉及各行各业。食品标准中除了大量的产品标准外,还有生产方法标准、试验方法标准、术语标准、包装标准、标志或标签标准、卫生安全标准、合格评定标准、质量管理标准及制定标准的标准等,广泛涉及人们生产、生活的各个方面。

法规泛指由国家制定和发布的规范性法律文件的总称,是法律、行政法规、规章、法令、条例、规则和章程等的总称。其中,宪法是国家的根本法,具有综合性、全面性和根本性;法律是由立法机关制定,体现国家意志和利益,必须依靠国家政权保证执行的全社会成员共同遵守的行为准则,地位和效力仅次于宪法;行政法规是国务院制定的关于国家行政管理的规范性文件,地位和效力仅次于宪法和法律;地方性法规是地方权力机关根据本行政区域的具体情况和实际需要依法制定的本行政区域内具有法律效力的规范性文件;规章是国务院组成部门及直属机构在其职权范围内制定的规范性文件,省、自治区、直辖市人民政府也有权依照法定程序制定规章;国际条约是我国作为国际法主体同外国缔结的双边、多边协议和其他条约或协定性质的文件。

食品法规是指由国家制定或认可,以法律或政令形式颁布的,以加强食品监督管理、保证食品卫生、防止食品污染和有害因素对人体的危害、保障人民身体健康、增强人民体质为目的,通过国家强制力保证实施的法律规范的总和。

2.标准与法规的功能

(1)保证产品质量安全

标准对产品的性能、卫生安全、规格、检验方法及包装和储运条件等做出了明确规定,严格按照标准组织生产并依据标准进行产品检验,可确保产品的质量安全。法规以国家强制力为后盾,可保证标准的实施,确保产品质量安全。

(2)促进技术创新

标准是以科学技术的综合成果为基础建立的,制定标准的过程就是将其与实践积累的先进经验结合,经过分析比较加以选择,并归纳提炼。通过标准化工作,还可将小范围内应用的新产品、新工艺、新材料和新技术纳入标准进行推广应用,促进技术创新。

(3)实现规模化、系列化和专业化

标准的制定可减少产品种类,使产品品种规模化、系列化和专业化,可降低生产成本,提高生产效率;同时,还可确保不同生产商生产的相关产品与部件的兼容性和匹配度。

(4)降低生产对环境的负面影响

人们对环境的过度开发,会导致环境污染日益严重。尽管人们已认识到良好环境对提高生活生产质量和保证可持续发展极其重要,各国政府也纷纷加强对环境的监管力度,在法律法规和标准规范下进行生产是降低生产对环境负面影响的有效手段之一。

(5)为消费者提供必要的信息

对于产品的属性和质量,消费者所掌握的信息远不如生产者,这使消费者难以在交易前正确判断产品质量。但是,标准可以表示出产品所满足的最低质量要求,帮助消费者正确认识产品的质量,以减少市场信息的不对称状况,同时也可提高消费者对产品的信任度。消费者还可通过国家颁布的相关法律法规作为有效保护自己的合法权益。

3.标准与法规的关系

标准属于技术规范,是人们在处理客观事物时必须遵循的行为准则,重点调整人与自然规律的关系,规范人们的行为,使之尽量符合客观的自然规律和技术法则,以建立起有利于社会发展的技术秩序;法规属于社会规范,是人们处理社会中相互关系时应遵循的具有普遍约束力的行为规则。在科技和社会生产力高度发展的现代社会,越来越多的立法把遵守技术规范确定为法律义务,将社会规范和技术规范紧密结合在一起。

(1)标准与法规的相同之处

①标准与法规在制定和实施过程中都要求公开透明,具有公开性。

②标准与法规都是现代社会和经济活动必不可少的规则,具有一般性,同样情况下应

同样对待。

③标准与法规都是由权威机关按照法定的职权和程序制定、修改或废止,都用严谨的文字进行表述,具有明确性和严肃性。

④标准与法规在调控社会方面都享有威望,得到广泛的认同和遵守,具有权威性。

⑤标准与法规都不允许擅自改变和随便修改,具有稳定性和连续性。

⑥标准与法规都要求社会各组织和个人服从并作为行为的准则,具有约束性和强制性。

(2)标准与法规的不同之处

①标准会随着科学技术和社会生产力的发展而修改和补充;法规较为稳定。

②标准强调多方参与、协商一致,尽可能照顾多方利益。

③标准本身并不具有强制力,即使是所谓的强制性标准,其强制性也是法律授予的。

④标准必须有法律依据,必须严格遵守相关的法律法规,在内容上不能与法律法规相抵触或发生冲突;法规则具有至高无上的地位,具有基础性和本源性的特点。

⑤标准主要涉及技术层面;而法规主要涉及社会生活的方方面面,调整一切政治、经济、社会、民事和刑事等法律关系。

⑥标准较为客观和具体;法规较为宏观和原则。

(二)标准、法规与市场经济的关系

1.标准与市场经济的关系

标准是市场经济运行的必备条件,是产品走向市场的桥梁,积极采用国际标准是通向国际市场的关键。

标准与市场经济的关系包括:市场经济是自主性经济,市场主体的生存和发展必须执行或制定先进的产品质量标准,满足市场和用户的需求;市场经济是契约经济,在契约合同中设定的产品质量标准是双方检验产品质量的依据,是发生经济纠纷时进行仲裁的技术基础;市场经济是竞争经济,市场主体运用标准化加快新产品开发或执行先进的质量标准,可以提高产品的质量和竞争力;市场经济是开放型经济,标准则是国内国际市场贸易中必须遵守的技术准则,是国际条约和基本规则中技术层面的组成内容;市场经济是受调控和监督的经济,国家授权的监督机关和消费者可依据各种标准,依法对产品质量、工程质量和服务质量实施监督。

随着改革开放的深化和经济的发展,特别是加入WTO(Word Trade Organization,世界贸易组织)后,我国的标准化工作得到了长足的发展,积极参加国际标准化活动,积极采用国际标准,取得了显著的成绩。

2.法规与市场经济的关系

在一定意义上,市场经济是法治经济,即市场经济的秩序必须通过法治来形成和维持,因此,法治是市场经济的必备条件和基本特征。

法规和经济基础的相互关系表现在两方面:第一,法规是建立在一定经济基础之上的

上层建筑的重要组成部分,其性质由产生它的经济基础的性质决定;其次,法规可反作用于产生它的经济基础,促进或阻碍生产力的发展,对社会发展起积极作用或反作用。市场经济条件下出现的法规是适应商品经济的需要而产生的。

同样,市场经济的发展也需要通过法规来加以规范和保障。所谓法治就是依法治理,法治是人类文明的结晶,是社会发展的产物和社会进步的标志。法规对市场经济的规范作用主要表现在规范市场经济运行过程中政府和市场主体的行为,明确什么是合法的,或者法定应该无条件执行的;什么是非法的,或者法定必须明令禁止的。在我国市场经济和企业行为还不够完善和规范的情况下,运用国家政权的力量,制定规范市场经济运行的法规,对不合理的经济行为实行必要的干预,是很重要的措施。建立市场经济的法律体系是一个庞大的系统工程。

市场经济的法律体系包括宪法、市场主体法、市场宏观调控法、市场主体行为规则法、社会保障法、市场管理规则法、市场体系法,以及民法。

①宪法规定了我国的经济制度、政治制度,以及调整经济关系的基本原则,还规定了各项立法应遵循的基本原则。因此,宪法是市场经济法律体系建设的依据和基础,只有以宪法为基础,才能保证法制的统一。

②市场主体法是市场主体组织形式和地位的法律规范,市场主体就是以企业为主的法人,以及事业性质的法人,主要法律包括《公司法》《外商投资法》《国有企业法》《集体企业法》《个人企业法》及《破产法》等。

③市场宏观调控法是政府对市场实施宏观调控的法律规范,主要包括《预算法》《银行法》《产业政策法》及《计划法》等。

④市场主体行为规则法是关于市场主体交易行为的法律规范,包括《债权法》《票据法》《证券交易法》《保险法》《海商法》《专利法》《著作权法》《商标法》及《广告法》等。

⑤社会保障法是在市场经济条件下对劳动者提供社会保障的法律规范,包括《劳动法》《社会保险法》《未成年人保护法》《妇女权益保护法》及《社会救济法》等。

⑥市场管理规则法是规定市场平等竞争条件,维护公平竞争秩序的具有普遍性的法律规范,包括《反不正当竞争法》《食品安全法》《计量法》《标准化法》《进出口商品检验法》《经济合同法》《仲裁法》《国家赔偿法》《行政诉讼法》及《行政处罚法》等。

⑦市场体系法是确认不同市场、规定个别市场法则的法律规范,主要包括《期货交易法》《信贷法》《对外贸易法》《信息法》及《招投标法》等。

⑧民法是调整平等主体之间的财产关系和人身关系的法律规范的总称,在市场经济的法律体系中属于基本法的地位,主要担负维系社会公平正义、协调各种利益冲突和保障人身权及人格权的重要作用。

在这个法律体系中,除了国内的法律法规外,还涉及许多国家和国际上的法律法规、条约和协定等,如WTO的一系列规则和我国与其他国家签订的双边或多边协议。与食品生产有关的法律法规主要涵盖于市场管理规则法之中。

市场经济是自主性经济,要求法律法规确认市场主体资格,平等保护市场主体的财产权;市场经济是主体地位平等的经济,要求法律法规确认所有主体的平等地位,平等地享有权利和义务;市场经济是契约经济,要求法律法规确认契约是处理经济关系的法律形式,并保护契约在市场经济中的作用;市场经济是竞争经济,要求法律法规维护和保障正当竞争,限制和惩处不正当竞争;市场经济是开放型经济,要求法律法规不断进行调整,与国家法规接轨,营造统一开放的国内市场和全球化的国际市场。

法律法规对市场经济的保障表现在两个方面:一是利益保障,即通过法律法规及时制止侵犯他人、集体或国家利益的违法犯罪行为,以保障市场经济;二是秩序保障,即通过法律法规的引导来促进市场行为在一定的秩序中正常进行,以保障市场经济的发展。

3.标准、法规在市场经济及市场竞争中的作用

市场经济是法治经济,需要相关的法律规范来保障其正常运行,而市场经济的运行则主要依靠标准化。通过制定、采用和实施标准,建立衡量产品质量的依据,依据企业采用的标准判定产品是否合格,依据国家强制性标准判定产品质量是否影响人体健康。通过法规规定,要求企业在商品的标签或说明书中标明采用的标准,既便于政府和消费者监督,又有利于企业保护自身利益。要保持市场经济良好的秩序,必须要有完善的标准体系来支撑法律体系的实施,否则,再好的法规也难以实施到位。只有法规与标准相互配套,发挥各自特有的功能,才能确保市场经济的正常健康运行,促进社会经济的发展。

市场经济主体之间进行的各项商品交换和经贸往来一般是通过契约形式(比如签订合同)来实现的。我国的《中华人民共和国民法典》明确规定:合同的内容要包括质量技术与安全的要求,而标准就是衡量产品质量与安全合格与否的主要依据。因此,合同中应明确规定产品质量和产品安全性的标准,并以此作为供需双方检验产品质量和安全性的依据,所以标准能使供需双方在产品质量和安全性问题上受到法律的保护和制约,标准是市场经济活动中合同、契约和纠纷仲裁的技术依据。

市场竞争不仅是产品品种和质量安全方面的竞争,也是产品价格、交货期限和服务等的竞争。因此,企业采用先进的标准、现代化的手段快速销售产品,可提高企业适应市场竞争的时效性。如由ISO(International Organization for Standards,国际标准化组织)推出使用的电子数据交换就是按照一个公认的标准,将商品交换过程中的数据、信息及单证格式等标准化,作为计算机可识别的商业语言,通过计算机网络进行连通处理。

市场经济是开放型经济,社会分工的细化和市场的扩展,扩大了不同国家和地区之间的经济联系。为了保证国际经济贸易活动正常有序地开展,国际上已经和正在形成一系列统一通行的国际经贸条约、规则和惯例。因此,在产品或服务进入国际市场、参与国际竞争的过程中,就必须了解、参与和遵守这些条约、规则和惯例。其中,标准化是国际通行条约和惯例做法的一个重要组成部分,是国际贸易中需要遵守的技术准则。我国作为WTO成员,要积极参与国际标准化活动,积极采用国际标准以促进在国际商贸活动中货物的自由交换。

市场竞争的实质是产品质量和人才的竞争,但有的企业产品质量标准检验合格,却不能占领市场,问题的原因在于企业是否制定了符合市场与不同顾客群体需求的产品标准,是否建立起以产品标准为核心的有效运转的企业标准体系,是否将产品标准化向纵深推进,运用多种标准化形式支持产品开发。因此,标准化才是赢得市场竞争的金钥匙。

(三)标准、法规在国际贸易中的作用

伴随着国内外贸易朝着规模化、规范化、多样化、自由化和全球化的方向发展,标准与法规在贸易中的重要地位不断凸显出来。一方面,贸易本身的发展要求有一个公平有序的竞争环境,要求有规范参与主体行为的共同准则,要求有统一的技术标准作为生产、交易的依据;另一方面,由于贸易主体和利益主体的层次性,导致标准体系的层次性,国际标准、国家(区域)标准和企业标准等不同层次,各层次涵盖不同,对国际贸易的影响也不尽相同。

1.国际标准对国际贸易的影响

国际标准包括各种国际公约、惯例和国际性技术标准,这些标准是国际贸易中各国协调的产物。而各种国际组织,比如 WTO、ISO、IEC(International Electrotechnical Commission,国际电工委员会)等,是国际标准化活动的直接参与者,如 WTO/TBT(Technical Barriers to Trade,技术性贸易壁垒)协定中所确立的有效干预原则、非歧视原则、采用国际标准原则、争端磋商机制原则、给发展中国家优惠及不发达国家帮助原则等,为国际贸易创造了一个相对公平、合理和透明的环境,有利于维持国际市场的正常秩序。

各种国际标准化组织都设有内容丰富且详尽的技术标准数据库、信息网,为国家和企业提供服务,极大地增强了世界范围内产品的通用性和兼容性,促进了国际技术交流,提高了生产效率,保护了消费者的切身利益,有利于国际市场的进一步融合。国际标准是协调国家利益和推行贸易自由化不可缺少的协调手段。

国际标准作为国际贸易游戏规则的一部分和产品质量仲裁的重要准则,在国际贸易中具有特殊的地位和作用。因此,许多国家特别是发达国家受其政治、经济整体利益的影响,千方百计地在国际标准活动中争取领导权、话语权,试图将本国标准转化为国际标准,以在国际贸易中抢占先机。

2.国家(区域)标准对国际贸易的影响

国家(区域)标准可规范其内部市场秩序,建立统一的贸易框架,实现商品、技术和服务的自由流动,引导企业生产和服务向高质量方向发展,有利于国家(区域)作为统一市场参与国际贸易,并提升国家(区域)的整体竞争力。日本是国家标准化成功的典范,在20世纪70年代就开始大力推进工业标准化,实施产品认证和工厂标志制度,在国际市场上树立高质量的形象;欧盟则是区域标准化的典范,为简化并加快欧洲各国标准的协调,欧洲共同体理事会于20世纪80年代即优先采用国际标准、强化欧洲标准和弱化国家标准的政策,经过多年的发展,欧盟逐渐形成了约300个具有法律强制力的欧盟指令,有效消除了欧盟内部市场贸易的障碍。

3.企业标准对国际贸易的影响

企业要在竞争激烈的国际市场上获取最大限度的市场份额,取得良好效益,就必须构建以客户利益、企业利益和社会利益相结合的标准化管理体系。ISO 先后推出三大管理体系:一是以客户为对象的 ISO 9000 质量管理体系,在国际贸易中被作为确认质量保证的依据;二是以社会和利益相关方为对象的 ISO 14000 环境管理体系,目的在于指导组织建立和保持一个符合要求的环境管理标准;三是 ISO 45000 职业健康安全管理体系,主要针对组织的职业安全健康进行管理(改善工作条件、消除事故隐患、控制职业危害、保护劳动者的安全与健康等)。企业在标准化体系建设中注重与国际先进标准接轨,有选择地加以吸收采用,对内可促进管理水平和工作效率的提高,对外可树立良好的企业形象,取得用户及社会的信任,一旦这种形象被国际社会认可接受,便构成企业核心竞争力和比较优势,有助于提高企业对外贸易的竞争力。

4. WTO/TBT 在国际贸易中的作用

TBT 大多是为保护本国消费者利益而被各国提出并采用的。在国际贸易中规定产品应达到一定的标准,有助于提高产品质量、保护产品的使用、保护消费过程的安全及维护消费者的合法权利等。正是由于技术壁垒的出现,使得技术法规和标准在国际贸易中得到广泛应用,对国际贸易中商品质量有了健全的评估体系,极大地推动了国际贸易的发展。但由于 WTO/TBT 将执行技术法规的目标限定在国家安全需要、防止欺诈行为、保护人类安全和健康、保护动植物生命和健康和保护环境的范围,该范围过于广泛又没有明确界限,为各国利用有限干预原则营造技术性贸易壁垒留下隐患,各种类型的技术性贸易壁垒不断产生。

常见的技术性贸易壁垒形式有检疫程序、检验手续、计量单位、绿色技术壁垒、卫生防疫与植物检疫措施、包装及标志等,给国际贸易带来巨大障碍。如进口国通过颁布法律、法令、条例和规定,建立技术标准、认证制度和检验制度等,对进口产品制定过分严格的技术标准、卫生检疫标准、商品包装的标签标准等,给出口国制造出种种困难;或者以种种理由对进口产品实施"紧急措施",实行新的检疫标准或程序,给出口国造成损失。如 2003 年,欧盟在我国动物源性产品中检测出氯霉素超标,并全面禁止进口我国动物源性产品,使我国相关行业受到严重影响。其中,欧盟的氯霉素标准为 0.1 pg/kg,美国为 5 μg/kg,日本为 50 μg/kg,即欧盟标准远远超过食品安全标准需要,其实质就是通过标准实施贸易保护并设置贸易壁垒。

转基因食品安全则是由新技术、新产品引发的贸易技术壁垒。欧盟在对待转基因产品的问题上,采用的是谨慎的"预防原则",但 2003 年后迫于其他成员方诉诸 WTO 争端解决机制的压力,欧盟颁布法律,允许转基因产品在保证可追踪性的前提下在欧盟市场出售,对转基因产品从"事实上的暂停"过渡到"象征性的开放";现在多数国家相继规定含转基因成分的食品必须在标签上予以标注,让消费者自主选择。我国 2015 年修订的《中华人民共和国食品安全法》第六十九条规定:生产经营转基因食品应当按照规定显著标示。对转基因食品的这些办法,许多消费者和科学家认为是一种谨慎和稳妥的处理办法,但有一些经济学家和相关人员认为这是一种平衡的技术性贸易壁垒。

绿色技术壁垒则由于全球尚无统一的环境标准,各国及地区之间环境标准和环境管理水平参差不齐,一些国家单方面实行高标准市场准入制度,对进口商品实行硬性环保指标或增加额外环保认证手续等苛刻要求,进行环境贸易制裁,并将环境标准由产品扩大到生产工艺,构成形式上合法而内容上歧视的绿色贸易壁垒。

在目前的国际贸易中,TBT已成为影响21世纪国际贸易发展的重要因素。国际贸易中TBT形式多样,涉及范围广,影响着各国经济政策的制定和国际贸易的发展速度,并在一定程度上影响着国际贸易的商品结构、地理方向,引起不同国家之间、集团之间的贸易摩擦和冲突,由贸易技术壁垒引发的国际贸易争端也越来越多。

TBT对国际贸易的影响主要表现在:一是进口国可根据保护本国工业的意愿,通过制定极为严格烦琐的技术标准,限制外国产品的进入,以及对进口产品的销售设置重重障碍;二是利用技术、经济及司法行政影响产品进口。其中,通过技术条文本身的规定直接限制进口的技术限制是贸易技术壁垒的主要形式。其结果是发达国家常作为技术标准的制定方,通过提高技术要求限制其他国家(主要是发展中国家)同类产品的市场进入,导致发展中国家对外贸易条件不断恶化,又反过来影响发达国家对发展中国家出口的增长。因此,SPS/TBT协定规定,各成员国在发生贸易争端时,必须以国际标准或风险分析的结论为依据,在WTO争端解决机构中解决。

对于发展中国家来说,若贸易对方国的标准严于国际标准,可以要求其按照风险分析的原理提供科学依据,以保障自身国家的合法贸易权益。这对相关贸易国设立不合理的贸易壁垒有针对性地提供了相对公平合理的解决对策。

(四)标准、法规与食品安全体系的关系

1.食品安全及食品安全问题的严重性

20世纪90年代以来,发生了一系列全球性的食品生产与安全事件,如1996年英国的疯牛病事件,1997年中国香港发生的H5N1禽流感事件,2000年日本大阪雪印牛奶厂生产的低脂高钙牛奶被金黄色葡萄球菌毒素污染事件,2003年美国疯牛病事件,2005年英国"孔雀石绿"鲑鱼事件,2011年中国台湾塑化剂事件等。2015年4月,美国疾病控制预防中心宣布,美国至少8人因食用美国BlueBell公司的冰激凌产品后,感染单细胞增生李斯特氏菌(简称为单增李斯特菌)而导致3人死亡。2020年上半年,日本埼玉县3453名中小学师生因食用被病原性大肠杆菌污染的食物而中毒。

食品安全是指食品供给与消费的可靠程度,包括两方面的含义:一是指一个国家或社会的食物保障,即是否具有足够的食物供应,是食品数量的安全;二是指食品中有毒有害物质对人体健康影响的公共卫生问题,是食品质量的安全。

目前是人类历史上工业化程度最高的时期,人们对环境的过度开发,导致环境污染日益严重,污染物不断地向人类的生存发起挑战。在诸多污染物中,除食源性疾病不断上升

外,人为将有害化学物加入食物链的已成为当今最严重的食品污染问题,包括农牧业生产及食品加工过程中的各种添加剂、农药、兽药等。

食品安全影响人民健康,即使在工业发达国家,每年仍有约30%的人口感染食源性疾病;发展中国家的相关资料欠缺,但有数十亿病例与腹泻有关。

食品安全事件既是社会负担,也是经济负担。在市场经济大潮中,一个食品企业的产品要具备竞争力,首先必须在消费者心目中建立安全感和信任感。在对外贸易中,合作伙伴首先也对食品的安全性做出要求。食品安全性一旦出现问题,不仅对企业是致命的打击,还会对一个国家的经济、政治和社会产生严重的负面影响。如英国的疯牛病使英国政府丢掉了年销售额达60亿美元的菜牛养殖业,此外,还要向农民支付高达200亿英镑的赔偿费;比利时的二噁英鸡污染事件造成的直接损失达3.55亿欧元,加上关联企业总损失已超过上百亿欧元。

此外,食品高新技术、新资源的应用也给食品安全带来新的挑战,特别是转基因食品的安全问题,受到各国政府、学者和公众的普遍关注。

2.标准、法规与质量管理体系的关系

食品安全问题涉及食品的生产者、经营者、消费者和市场管理者(包括政府)等各个层面,贯穿于食品原料的生产、采集、加工、包装、储运和食用等各个环节,每个环节都可能存在安全隐患。因此,健全的食品质量管理体系是食品安全的基础。

食品安全的质量管理体系可分为食品安全过程控制体系、食品安全监管体系、食品安全支持体系、转基因食品安全,以及技术性贸易壁垒与食品安全等。

①食品安全过程控制体系包括产地环境监测、动物防疫与植物检疫体系、投入品(含农药、兽药、饲料和肥料等)管理、食品加工储运、食品供应组织体系、市场准入等。

②食品安全监管体系包括机构设置、安全性评价、安全风险分析、质量安全体系和标签管理等。

③食品安全支持体系包括食品安全法律法律体系、科技支持体系、危险性评估体系、安全标准体系、检验检测体系、认证体系、信息服务体系及突发事件应激反应机制等。

④转基因食品安全包括技术标准、标识制度和消费者教育等。

⑤技术性贸易壁垒与食品安全包括预警体系与快速反应机制、协议与争端解决机制及进出口食品安全监管体系等。

食品安全往往与消费过程中食源性危害的存在和水平有关,由于食品安全危害在食品链的任何阶段("从农田到餐桌")都可能引入。因此,食品安全的质量管理体系是整个食品链全程安全监控的依据,又可进一步细分为生产体系、市场体系、监控体系和评估体系,由一系列的标准与法规作为支持,以保障食品市场的安全运作。其中,构成食品安全生产体系的包括国家产业政策、农业资源使用标准、生产操作规程、食品原料与加工标准等;构成食品安全市场体系的包括国家有关供销储备政策、市场准入标准、标签管理规定和食品销售规定等;构成食品安全监控体系的包括市场执法机构及执法规范、认证机构与认证规范、检测机构与检测规范等;构成食品安全评估体系的包括残留物最高限量标准、产品质量标准及取样检测方法标准等。

3.标准、法规与食品质量安全的关系

食品质量安全问题是全球性的公共安全问题,食品的质量安全直接关系到人们的健康。因此,以控制有毒有害物质、提高食品质量安全为特征的食品安全控制体系正在逐步完善,相关标准与法规的建设也取得了积极的进展。根据《中华人民共和国标准化法》,食品应该按食品质量标准进行质量控制,食品质量安全监管工作也应依照相关食品标准规定的质量技术指标项目进行监督和检查。食品质量安全是食品标准规定的各项质量技术指标的总体反映,食品质量安全监督也应该是食品整体质量安全的监督。

食品安全的法规体系和标准体系构成了食品质量安全支持体系。如欧盟的食品安全法律体系主要从以下四方面来保障食品质量安全:一是引入风险分析方法,包括风险评估、风险管理和风险交流,被作为基本的原则融入欧盟的法律,并成为各成员国食品安全体系的法律基础;二是明确从业者负有遵守法律规定、自主将风险最小化的责任;三是通过建立统一的数据库(包括识别系统、代码系统),详细记载生产链中被监控对象移动的轨迹,建立食品及其原料的可追溯机制;四是其食品安全基本法制定了使利益相关方能够在所有阶段参与食品法律制定的框架,通过立法的透明度和有效的公众评议建立了增强消费者对食品法律信心的必要机制。

食品加工的原料来自农畜产品,农牧业是食品质量安全"从农田到餐桌"的第一环,标准化、规范化的种植/养殖体系有利于保证食品原料的质量。建立食品质量安全市场准入制度及食品工厂良好操作规范(Food Good Manufacturing Practice,FGMP),加强和完善食品加工过程中中间产品的质量控制,是促进农畜产品增值、保证食品质量安全的重要手段。标准化的食品储运体系可保证食品原料、中间产品和半成品在储运过程中的质量安全;建立食品产品的召回制度则可通过召回出现问题的产品,最大限度地减少危害。食品生产的标准化是实现食品质量安全的重要方法。

(五)食品标准与法律法规的研究内容、意义和学习方法

1.食品标准与法律法规的研究内容

食品标准与法律法规是研究食品的生产、加工、包装、贮运、销售和配送等全过程相关的法律法规、标准及合格评定程序的一门综合性学科。

食品标准的研究必须考虑食品加工门类(粮油、果蔬、畜产、水产及茶叶加工品等)和食品加工过程要素(如食品加工原料、加工设施、加工工艺、包装标识、产成品检验、贮藏运输及销售等)等,以构建和完善食品基础标准、通用标准和专用标准。

食品法规是专门研究与食品有关的法律法规和管理制度,包括法规的产生、规定要求、实施及变化规律等,如《中华人民共和国食品安全法》《标准化法》《产品质量法》及各类食品生产加工技术规范等。

食品标准与法律法规的研究对象是"从农田到餐桌"与农产品相关产业链全过程的质

量安全有关的法律法规和标准,从标准和法规的制定与完善层面,提高我国食品质量安全水平,保护自然环境,促进市场贸易和规范企业生产。

食品标准与法律法规主要研究内容包括:对我国现有食品标准与法律法律体系的研究和分析,以及通过对国际和发达国家的食品标准与法律法律体系的学习和借鉴,探索构建我国食品安全标准与法律体系的有效途径,以完善我国食品安全标准与法律体系。具体研究内容体现在:标准和法规的概念、功能及相互关系;标准、法规对市场和贸易的影响;食品法律法规的基础知识,中国的食品法律法规,以及国际、部分国家的食品法规;食品标准的基础知识,食品企业标准体系及食品的市场准入和认证管理等。

2.食品标准与法律法规的研究意义

改革开放以来,我国食品工业快速发展,各种食品日益丰富,但由于产地环境污染、食品加工水平较低,以及在生产中滥用农药、兽药、添加剂和掺杂使假等违法犯罪活动,使我国的食品安全形势非常严峻,从苏丹红鸭蛋到三聚氰胺奶粉、从毒火腿到陈馅月饼等,关于食品质量安全的报道中不断有"致癌农药""苏丹红""氟化物"等名词出现。这些有毒或有质量问题的食品在严重危害民众身体健康的同时,还给他们造成了很大的心理恐惧,同时,也在考问我们的食品安全监管和立法部门。因此,食品标准体系的完善和食品安全的立法是一个直接关系国家利益、人民健康的根本问题。

此外,随着我国国民经济的快速发展和人民物质生活水平的提高,对食品质量安全也提出了越来越高的要求。同时,食品质量安全还事关食品产业的发展和市场竞争能力,特别是在我国加入 WTO 后,贸易伙伴的绿色壁垒迫使我国的食品标准与食品安全体系尽快与国际接轨,努力缩小与 WHO(World Health Organization,世界卫生组织)等国际标准的差距。因此,食品标准与食品质量安全的法律法律体系在人们的社会和经济生活中将发挥着重要的作用。

3.食品标准与法律法规的学习方法

食品标准与法律法规是一门综合性管理学科,它涉及食品与农畜产品的各个门类,并贯穿于食品与农畜产品生产和流通的全过程,即"从农田到餐桌"。它既包括法律法规与标准的制定与实施,又涵盖有关监督检测和评定认证体系;既要规范协调企业和消费者双方,又要涉及政府、行业组织等管理机构,还要涉及监督检测和合格评定等第三方机构。因此,在食品标准与法律法规的学习过程中,特别要考虑到本学科的系统性、综合性和动态发展性。

①系统性是指:食品标准与法律法规是以相互联系、相互影响的系统性形式存在的。无论是企业和地方的标准、法规,还是国家和国际性的标准、法规,为实现整体的最佳要求,确立最佳的标准化目标,都必须把产品作为一个系统来考虑,做好系统分析,研究产品原料、设计、工艺、效验、测试、使用、维护、运输、贮存和管理等所有环节的标准问题。因此,食品标准与法律法规是一个系统工程。

②综合性是指:食品标准与法律法规的研究对象、研究主体和过程涉及食品与农畜产

品"从农田到餐桌"的全过程,包括农畜产品的种养殖、食品加工、保藏、流通和消费全过程的食品质量管理与安全控制,涉及食品分析与监督检测、资源与环境、贸易和法学等众多学科。因此,在编制产品全寿命过程的标准化规划和计划中,要根据总的标准体系,分期分批建立专业的标准分系统,即标准综合体,再根据所需的综合标准体系编制相应的标准,制(修)订计划并组织实施。而对相关学科进行的系统先期学习是理解和掌握食品标准与法律法规的基础。

③动态发展性是指:食品标准与法律法规会随着科学技术的进步与现实社会经济的不断发展而变化,使原有的标准、法规不能适用,自愿性标准会失效,而强制性标准与法规则会产生负效应,此时就必须依据环境的要求及时应变,立即组织标准与法规的修订或对标准与法规进行系统调整。如《中华人民共和国食品安全法》的制定与修订,《中华人民共和国农产品质量安全法》的制定和出台等,使我国的食品标准已由原来单纯的质量和卫生安全标准扩展到涉及农畜产品的生产、加工、包装、物流等全过程的安全质量管理与认证的标准化体系。

食品标准与法律法规的发展包括产生(调查研究、形成草案和批准发布)、实施(宣传普及、监督和咨询)及反馈更新(信息反馈、评估评价,以及重新制定或修订)三个阶段。每一个新标准、新法规的产生都标志着某一领域或某项活动的经验和成果规范化。制定标准、法规的过程实质上就是积累和总结人类社会实践经验和科学技术成果的过程;标准与法规的实施过程是推广和普及规范化的实践经验和科技成果的过程;反馈与更新则是根据实施过程中出现的新情况进行调整,以新经验和新成果适时更新或取代原有法规、标准,是自然科学和社会经济发展中不断深化与提高的过程。

三、本书学习方法路线图

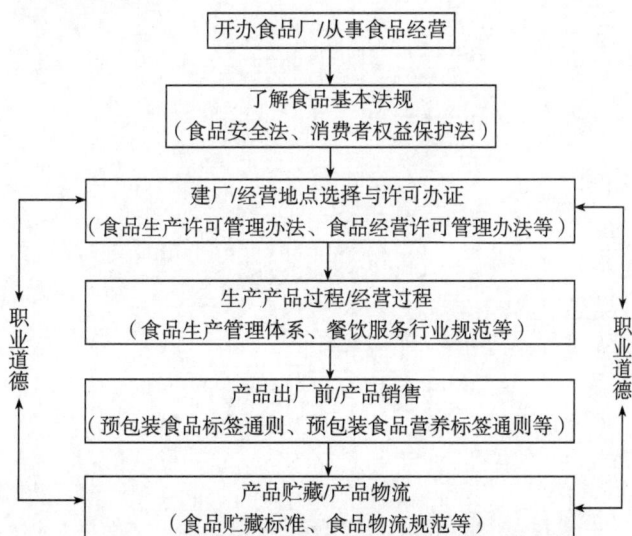

```
        ┌─────────────────────────┐
        │   开办食品厂/从事食品经营   │
        └────────────┬────────────┘
                     ↓
        ┌─────────────────────────┐
        │      了解食品基本法规      │
        │ (食品安全法、消费者权益保护法) │
        └────────────┬────────────┘
                     ↓
   ┌→ ┌─────────────────────────────────┐ ←┐
   │  │      建厂/经营地点选择与许可办证      │  │
 职 │  │(食品生产许可管理办法、食品经营许可管理办法等)│  │ 职
 业 │  └────────────────┬────────────────┘  │ 业
 道 │                   ↓                   │ 道
 德 │  ┌─────────────────────────────────┐  │ 德
   │  │          生产产品过程/经营过程         │  │
   │  │  (食品生产管理体系、餐饮服务行业规范等)  │  │
   │  └────────────────┬────────────────┘  │
   │                   ↓                   │
   │  ┌─────────────────────────────────┐  │
   │  │         产品出厂前/产品销售         │  │
   │  │(预包装食品标签通则、预包装食品营养标签通则等)│  │
   │  └────────────────┬────────────────┘  │
   │                   ↓                   │
   │  ┌─────────────────────────────────┐  │
   └→ │         产品贮藏/产品物流          │ ←┘
      │    (食品贮藏标准、食品物流规范等)     │
      └─────────────────────────────────┘
```

思考题

1. 标准与法规的定义是什么？
2. 请简述标准、法规在市场经济及市场竞争中的作用。
3. 请简述食品标准与法律法规的研究内容和方法。

思政小课堂

项目二　食品法律法规基础知识

预期学习目标

1. 掌握《食品安全法》的主体内容及我国执法监督的相关概念和特征；

2. 熟悉《产品质量法》和《农产品质量安全法》的主体内容；

3. 了解《消费者权益保护法》《计量法》和《广告法》的主体内容。

一、相关案例导读

案例1：小黄是温州科技职业学院食品专业的一名大一学生。他在某宝的一家网店里花了32.8元买了20袋面包，次日面包到货了，他却发现面包上标注的生产日期竟是到货当天日期。由于这家网店位于杭州，小黄判断自己买到的面包是"早产儿"。（案例来源：温州某报）

讨论：请根据食品相关法律法规指导小黄维权。

案例2：贺某从2019年3月开始在桃江县经营麻辣烫店，为了吸引更多的人来店里，其从桃江县蔬菜市场购买了300元罂粟壳粉，并分别于2019年4月、2020年5月、2021年4月先后三次用纱布包裹着罂粟壳粉放入麻辣烫汤汁中熬制，制作成麻辣烫销售给顾客食用。2021年4月，桃江县市场监督管理局工作人员抽取被告人贺某店里的卤制汤作为样品进行检测。经检验，抽样的汤料中含有不得检出物——罂粟碱、吗啡、那可丁成分。

讨论：请根据食品相关法律法规对此案例进行分析。

案例3：2000年9月，某市技术监督局根据群众举报，对该市某土产品采购供应站的50吨蜂蜜进行了监督抽查（本案例为真实案例，根据当时有效期内法律法规进行处理）。结果查明，该批蜂蜜中含有一定量的硫酸铵，被认定为劣质品。2001年3月，市技术监督局发出2号处罚决定书，按照《中华人民共和国产品质量法》的有关规定，对土产品采购供应站做出"没收全部蜂蜜，直接责任者罚款2000元"的处罚。行政相对人不服。同年7月，市技术监督局又发出6号处罚决定书，撤销2号处罚决定书中对直接责任者进行罚款的决定，没收全部蜂蜜的处罚仍予保留。相对人接到6号处罚决定书后，立即向当地市人民法院提起行政诉讼，要求市技术监督局撤销6号处罚决定书，归还已扣压10个多月的50吨蜂蜜，并要求市技术监督局赔偿所造成的经济损失。

法院受理该案后，在案件审理期间产生了两种意见。第一种意见认为，虽然蜂蜜在产品分类中属于农副产品，但如果食用，就是食品；如果药用，又成为药品；进入市场它就成为商品，所以市技术监督局应用《中华人民共和国产品质量法》对其进行处罚，并无不当。第二种意见则认为，根据GB 7635—87《全国工农业产品（商品、物资）分类与代码》划分标准，蜂蜜为农副产品，不是《中华人民共和国产品质量法》所指的产品，当然也就不应该适用《中华人民共和国产品质量法》，因此市技术监督局的处罚决定没有法律依据，应支持土产品采购供应站的请求,至于该蜂蜜含有硫酸铵的问题,技术监督局可以依照其他规定进行处罚。

蜂蜜在《全国工农业产品分类与代码》划分中,属于初级农产品,所以它不在《产品质量法》的调整范围。法院最后采纳了第二种意见,认为蜂蜜不是《产品质量法》所指的产品,本案不适用《产品质量法》,支持了土产品供应站的请求,判决市技术监督局败诉。事后,原被告均没有提出上诉。

讨论:

①针对此案例,说说你的看法。

②根据所学,判断茶叶属于农产品还是食品?茶叶生产需要申请食品生产许可证吗?

二、食品相关基础法律法规

(一)《食品安全法》

1.《食品安全法》全文

2.《食品安全法》概述及意义

(1)《食品安全法》概述

1982 年 11 月 19 日,第五届全国人民代表大会常务委员会第二十五次会议通过并颁布《中华人民共和国食品卫生法(试行)》,标志着我国食品卫生工作由以往的卫生行政管理走上了法制管理的轨道。1995 年 10 月 30 日,第八届全国人民代表大会常务委员会第十六次会议通过《中华人民共和国食品卫生法》,同时以中华人民共和国主席令第 59 号公布并正式实施。2009 年 2 月 28 日,第十一届全国人民代表大会常务委员会第七次会议通过并颁布的《中华人民共和国食品安全法》(简称《食品安全法》),针对我国食品安全领域所出现的一系列安全问题,建立了食品安全管理制度,是我国食品安全法制建设的一个里程碑,《中华人民共和国食品卫生法》同时废止。2013 年《食品安全法》启动修订。2015 年 4 月 24 日,新修订的《中华人民共和国食品安全法》经第十二届全国人民代表大会常务委员会第十四次会议审议通过,于 2015 年 10 月 1 日起正式施行。根据 2021 年 4 月 29 日第十三届全国人民代表大会常务委员会第二十八次会议修改《中华人民共和国道路交通安全法》《中华人民共和国食品安全法》等八部法律。

新修订的《食品安全法》共十章,包括总则、食品安全风险监测和评估、食品安全标准、食品生产经营、食品检验、食品进出口、食品安全事故处置、监督管理、法律责任和附则。由过去的 104 条增至 154 条,字数由 1.5 万字增至 3 万字,贯彻了党中央、国务院关于建立最严格覆盖全过程食品监管制度、加快政府职能转变和深化行政审批制度改革的精神,建立了统一权威的食品安全监管体制,回应了维护食品安全、保障人民群众生命健康的社会呼声,对未来食品安全监管工作指明了方向,具有较强的针对性和可操作性。

(2)《食品安全法》的意义

《食品安全法》是一部直接关系到广大人民群众身体健康和生命安全,关系到经济健康发展、社会和谐稳定的重要法律。该法体现了预防为主、科学管理、综合治理的食品安全工作指导思想,明确了各部门的职责和分工,进一步确立了我国食品安全监管体制,打造了"从农田到餐桌"的全过程监管,确保监管环节无缝衔接;赋予了卫生行政部门食品安全综合协调职能,建立了食品安全信息发布机制,建立了食品安全风险评估和食品安全召回等制度,统一食品安全标准;加强了对食品添加剂和保健食品的监管力度,完善了食品安全事故的处理机制,强化了监管责任,加大了处罚力度,严格赔偿责任。

3.《食品安全法》要点与案例详解

要切实加强食品药品安全监管,用最严谨的标准、最严格的监管、最严厉的处罚、最严肃的问责,加快建立科学完善的食品药品安全治理体系,严把从农田到餐桌、从实验室到医院的每一道防线。

(1)七个方面的制度设计,确保最严监管

①建立最严格的全过程监管制度。

《食品安全法》对食品生产、流通、餐饮服务和食用农产品销售等环节,食品添加剂、食品相关产品的监管,以及网络食品交易等新兴业态进行了细化和完善。

②完善统一权威的食品安全监管机构。

国家市场监督管理总局对食品的生产、销售、消费等环节进行统一的有效监督管理,总领食品安全生产销售,终结了"九龙治水"的食品安全分段监管模式。

③更加突出预防为主、风险防范。

《食品安全法》第二章食品安全风险监测和评估,进一步完善了食品安全风险监测、风险评估制度,增设了责任约谈、风险分级管理等重点制度。

增加了风险监测计划调整、监测行为规范、监测结果通报等规定,明确了应当开展风险评估的情形,补充了风险信息交流制度,提出了加快标注整合、跟踪评价标准实施情况等要求。其中规定:食品安全风险监测工作人员有权进入相关食用农产品种植养殖和食品生产经营场所采集样品、收集相关数据。采集样品应当按照市场价格支付费用。

县级以上人民政府食品安全监督管理部门根据食品安全风险监测、风险评估结果和食品安全状况等,确定监督管理的重点、方式和频次,实施风险分级管理。

同时规定,县级以上人民政府食品安全监督管理部门应当建立食品生产经营者食品安全信用档案,记录许可颁发、日常监督检查结果、违法行为查处等情况,依法向社会公布并实时更新;对有不良信用记录的食品生产经营者增加监督检查频次,对违法行为情节严重的食品生产经营者,可以通报投资主管部门、证券监督管理机构和有关的金融机构。

④建立最严谨的标准。

《食品安全法》第三章食品安全标准,明确了食品药品监管部门参与食品安全标准制定工作,加强了标准制定与标准执行的衔接。

省级以上人民政府卫生行政部门应当会同同级食品药品监督管理、质量监督、农业行政等部门,分别对食品安全国家标准和地方标准的执行情况进行跟踪评价,并根据结果及时修订食品安全标准。

对地方特色食品,没有食品安全国家标准的,省、自治区、直辖市人民政府卫生行政部门可以制定并公布食品安全地方标准,报国务院卫生行政部门备案。食品安全国家标准制定后,该地方标准即行废止。

⑤对特殊食品实行严格监管。

《食品安全法》第四章第四节特殊食品,进一步明确特殊医学用途配方食品、婴幼儿配方乳粉的产品配方实行注册制度。

《食品安全法》规定,婴幼儿配方食品生产企业应当实施从原料进厂到成品出厂的全过程质量控制,对出厂的婴幼儿配方食品实施逐批检验,保证食品安全。生产婴幼儿配方食品使用的生鲜乳、辅料等食品原料、食品添加剂等,应当符合法律、行政法规的规定和食品安全国家标准,保证婴幼儿生长发育所需的营养成分。婴幼儿配方食品生产企业应当将食品原料、食品添加剂、产品配方及标签等事项向省、自治区、直辖市人民政府食品药品监督管理部门备案。不得以分装方式生产婴幼儿配方乳粉,同一企业不得用同一配方生产不同品牌的婴幼儿配方乳粉。明确了保健食品原料目录,除名称、用量外,还应当包括原料对应的功效;明确保健食品的标签、说明书应当与注册或者备案的内容一致,并声明"本品不能代替药物";明确食品药品监督管理部门应当对注册或者备案中获知的企业的商业秘密予以保密。

⑥建立最严格的法律责任制度。

从民事和刑事等方面强化了对食品安全违法行为的惩处力度。

⑦加强对农药的管理。

鼓励使用高效、低毒、低残留的农药,特别强调剧毒、高毒农药不得用于瓜果、蔬菜、茶叶、中草药材等国家规定的农作物。

【案例分析】

2018年1月9日,某食品药品监督管理局在组织食品生产质量安全体系检查时,发现某有限公司存在使用工业氢氧化钠(烧碱)生产食用油的违法行为,当即交由贺兰县市场监督管理局进行查办。

经查办,该公司自2017年10月以来,先后从青铜峡、内蒙古乌海等地购进工业氢氧化钠(烧碱)14吨作为食品添加剂,生产一级食用玉米油111.12吨(案发后已全部召回),涉案货值金额74.9717万元。该公司的行为违反了《中华人民共和国食品安全法》第三十四条第一项的规定,构成使用食品添加剂以外的化学物质生产食品的违法行为,情节严重,性质恶劣,涉嫌犯罪。贺兰县市场监督管理局根据相关规定,将该案移送公安机关立案侦查。

(2)六个方面的罚则设置,确保"重典治乱"

①强化刑事责任追究。

新法要求执法部门对违法行为进行判断,如果构成犯罪,由公安部门进行侦查,追究刑事责任;反之则由行政执法部门进行行政处罚。此外,还规定行为人因食品安全犯罪被判有期徒刑以上刑罚,则终生不得从事食品生产经营的管理工作。

②大幅提高罚款额度。

本法第九章"法律责任"规定,违法生产经营的食品货值金额不足一万元的,并处十万元以上十五万元以下罚款;货值金额一万元以上的,并处货值金额十五倍以上三十倍以下罚款;情节严重的,吊销许可证,并可以由公安机关对其直接责任的主管人员和其他直接责任人员处五日以上十五日以下拘留。

③增设行政拘留。

第一百二十三条规定,对非食品原料生产食品,经营病死畜、禽,违法使用剧毒、高毒农药等严重行为增设行政拘留处罚。

④对重复违法行为加大处罚。

第一百三十四条规定,行为人在一年内累计三次因违法受到罚款、警告等行政处罚的,给予责令停产停业甚至吊销许可证的处罚。

⑤对非法提供场所增设罚则。

第一百二十二条规定,对明知从事无证生产经营或者从事非法添加非食用物质等违法行为,仍然为其提供生产经营场所的行为,规定最高处十万元罚款。

⑥强化民事责任追究。

第一百三十一条、第一百三十八条、第一百三十九条规定,网络交易第三方平台提供者未能履行法定义务、食品检验机构出具虚假检验报告、认证机构出具虚假的认证结论,使消费者合法权益受到损害的,应当与相关生产经营者承担连带责任。

第一百四十八条规定,实行首付责任制,接到消费者赔偿请求的生产经营者应当先行赔付,不得推诿;同时完善了消费者在法定情形下可以要求支付价款十倍赔偿或三倍损失的惩罚性赔偿金制度。

【案例分析】

2018 年 5 月 1 日,原告刘某在被告市南区某餐厅处餐饮消费 4044 元,其中包含 2 瓶单价 880 元/瓶、生产日期为 2017 年 7 月的"久保田万寿"清酒和 1 瓶单价 1680 元/瓶、生产日期为 2017 年 5 月(日本平成 29 年 5 月)的"来福"清酒,共计金额 3440 元。事后,经朋友提醒刘某才得知所消费的"久保田万寿"清酒进口自日本新泻县、"来福"清酒进口自日本茨城县。日本福岛发生核泄漏事故后,我国明令禁止从日本 12 个核污染地区进口食品、食用农产品及饲料,新泻县和茨城县均在禁止名单之列,该地区进口的食品不符合食品安全标准。

另外,以上清酒均无中文标签和中文说明书,也无国内经销商的名称、地址、联系方式等内容,不符合我国法律关于进口预包装食品的强制性规定。被告违法向原告销售不符合食品安全标准的食品,依法应退还货款并向消费者支付价款十倍的赔偿金,原告为维护自身合法权益,诉至市南法院。

消费者在购买、使用商品和接受服务时享有人身、财产安全不受损害的权利。消费者有权要求经营者提供的商品和服务,符合保障人身、财产安全的要求。《中华人民共和国食品安全法》第一百四十八条第二款规定"生产不符合食品安全标准的食品或者经营明知是不符合食品安全标准的食品,消费者除要求赔偿损失外,还可以向生产者或经营者要求支付价款十倍或者损失三倍的赔偿金;但食品的标签、说明书存在不影响食品安全且不会对消费者造成误导的瑕疵的除外"。

为保护消费者合法权益,市南法院判决:被告退还刘某消费款 3440 元,并支付刘某赔偿金 34400 元,合计 37840 元。

(3)四个方面的规定确保食品安全社会共治

①行业协会要当好引导者。

食品行业协会应当加强行业自律,按照章程建立健全行业规范和奖惩机制,提供食品安全信息、技术等服务,引导和督促食品生产经营者依法生产经营。

②消费者协会要当好监督者。

消费者协会和其他消费者组织对违反《食品安全法》规定,损害消费者合法权益的行为,依法进行社会监督。

③举报者有奖还受保护。

对查证属实的举报应当给予举报人奖励,对举报人的相关信息,政府和监管部门要予以保密。

④新闻媒体要当好公益宣传员。

新闻媒体应当开展食品安全法律、法规及食品安全标准知识的公益宣传,并对食品安全违法行为进行舆论监督。

(4)三项义务强化互联网食品交易监督

①《食品安全法》第六十二条规定,网络食品交易第三方平台提供者应当对入网食品经营者进行实名登记,明确其食品安全管理责任。

②依法取得许可证的,还应当审查其许可证。

网络食品交易第三方平台提供者发现入网食品经营者有违反食品安全法规定行为的,应当及时制止并立即报告所在地县级人民政府食品药品监督管理部门;发现严重违法行为的,应当立即停止提供网络交易平台服务。

③第一百三十条规定,消费者通过第三方平台购买食品,其合法权益受到损害的,可向入网食品经营者或者食品生产者要求赔偿,网络食品交易第三方平台提供者不能提供入网食品经营者的真实名称、地址和有效联系方式的,由网络食品交易第三方平台提供者赔偿。

（二）《农产品质量安全法》

1.《农产品质量安全法》全文

2.《农产品质量安全法》概述与意义

（1）《农产品质量安全法》概述

《中华人民共和国农产品质量安全法》（简称《农产品质量安全法》），由中华人民共和国第十届全国人民代表大会常务委员会第二十一次会议于 2006 年 4 月 29 日通过，自 2006 年 11 月 1 日起施行。2018 年 10 月 26 日第十三届全国人民代表大会常务委员会第六次会议做出《关于修改〈中华人民共和国野生动物保护法〉等十五部法律的决定》的修正。

《农产品质量安全法》共八章 56 条，主要包括总则、农产品质量安全标准、农产品产地、农产品生产、农产品包装和标识、监督检查、法律责任和附则。针对保障农产品质量安全的主要环节和关键点，确立了八项基本制度，建立了从农田到市场的农产品全程监督体系和可追溯制度，是完善农产品质量安全监管长效机制的制度保障。

（2）《农产品质量安全法》的意义

《农产品质量安全法》是坚持科学发展观，推动现代农业和社会主义新农村建设的现实要求；是构建和谐社会，维护广大人民群众根本利益的可靠保障；是提升我国农产品竞争力，应对农业对外开放和参与国际竞争的重大举措；是推进依法行政，填补我国农产品质量安全监管法律空白的客观要求。

3.《农产品质量安全法》要点与案例详解

（1）确定八项基本制度，保障农产品质量安全

《农产品质量安全法》从我国农业生产的实际出发，遵循农产品质量安全管理的客观规律，针对保障农产品质量安全的主要环节和关键点，主要确立了八项基本制度，分别是：

①政府统一领导、农业主管部门依法监管、其他有关部门分工负责的农产品质量安全管理体制。

②农产品质量安全标准的强制实施制度。政府有关部门应当按照保障农产品质量安全的要求，依法制定和发布农产品质量安全标准并监督实施；不符合农产品质量安全标准的农产品，禁止销售。

③农产品质量安全的风险分析、评估制度和农产品质量安全的信息发布制度。

④农产品质量安全事故报告制度。

⑤对农产品质量安全违法行为的责任追究制度。

⑥防止因农产品产地污染而危及农产品质量安全的农产品产地管理制度。

⑦农产品的包装和标识管理制度。

⑧农产品质量安全监督检查制度。

（2）有毒有害物质超标区域不得生产农产品

根据第三章农产品产地要求，农产品产地环境对农产品质量安全具有直接、重大的影响。近年来，因为农产品产地土壤、大气、水体被污染而严重影响农产品质量安全的问题时有发生。抓好农产品产地管理，是保障农产品质量安全的前提。

根据《农产品质量安全法》规定，县级以上地方人民政府应当加强农产品产地管理，改善农产品生产条件。禁止违反法律、法规的规定向农产品产地排放或倾倒废水、废气、固体废物或其他有毒有害物质；禁止在有毒有害物质超过规定标准的区域生产、捕捞、采集食用农产品和建立农产品生产基地。县级以上地方人民政府农业主管部门按照保障农产品质量安全的要求，根据农产品品种特性和生产区域大气、土壤、水体中有毒有害物质状况等因素，认为不适宜特定农产品生产的，应当提出禁止生产的区域，报本级人民政府批准后公布执行。

根据法律规定，农产品生产者在生产过程中应当遵守相应的质量安全规定，主要包括依照规定合理使用化肥、农药、兽药、饲料和饲料添加剂等农业投入品，严格执行农业投入品使用安全间隔或者休药期的规定，禁止使用国家明令禁止使用的农业投入品，防止因违反规定使用农业投入品危及农产品质量安全；依照规定建立农产品生产记录，以及农产品收获、屠宰、捕捞的日期等情况；对其生产的农产品的质量安全状况进行检测，经检测不符合农产品质量安全标准的，不得销售。

（3）不得销售的农产品

根据《农产品质量安全法》第三十三条的规定，有下列情形之一的农产品，不得销售：

①含有国家禁止使用的农药、兽药或者其他化学物质的；

②农药、兽药等化学物质残留或者含有的重金属等有毒有害物质不符合农产品质量安全标准的；

③含有的致病性寄生虫、微生物或者生物毒素不符合农产品质量安全标准的；

④使用的保鲜剂、防腐剂、添加剂等材料不符合国家有关强制性的技术规范的；

⑤其他不符合农产品质量安全标准的。

【案例分析】

2017年3月30日，大连市农委组织开展农产品质量安全监督抽查执法行动，在瓦房店金丰果菜专业合作社种植的辣椒中，检出国家禁限用农药"克百威"成分。经调查，该合作社社员在辣椒生长坐果阶段使用了国家禁限用农药。根据《中华人民共和国农产品质量安全法》第三十三条、第五十条有关规定，瓦房店市农业执法大队对该合作社给予没收违法所得600元、并处2000元罚款的行政处罚。

（4）农产品生产记录应记载的事项

第二十四条规定，农产品生产企业和农民专业合作经济组织应当建立农产品生产记录，如实记载下列事项：

①使用农业投入品的名称、来源、用法、用量和使用、停用的日期；

②动物疫病、植物病虫草害的发生和防治情况；

③收获、屠宰或者捕捞的日期。

（5）农产品包装和标识

《农产品质量安全法》第五章规定，农产品生产企业、农民专业合作经济组织，以及从事农产品收购的单位或者个人销售的农产品，按照规定应当包装或者附加标识的，须经包装或者附加标识后方可销售。包装物或者标识上应当按照规定标明产品的品名、产地、生产者、生产日期、保质期、产品质量等级等内容；使用添加剂的，还应当按照规定标明添加剂的名称。

属于农业转基因生物的农产品，应当按照农业转基因生物安全管理的有关规定进行标识。

（三）《消费者权益保护法》

1.《消费者权益保护法》全文

2.《消费者权益保护法》概述与意义

消费者权益，是消费主体的权利和利益的合称。消费者利益由多种利益因素构成，主要包括物质经济利益、精神文化利益、安全健康利益、时效利益、环境利益等。消费者的合法权益，指的是消费者所享有的，由法律、法规确认，受法律、法规保护的权益。

（1）《消费者权益保护法》概述

《中华人民共和国消费者权益保护法》（简称《消费者权益保护法》）是为保护消费者的合法权益，维护社会经济秩序，促进社会主义市场经济健康发展而制定的一部法律。该法调整的对象是为生活消费需要购买、使用商品或者接受服务的消费者和为消费者提供其生产、销售的商品或者提供服务的经营者之间的权利义务。该法于1993年10月31日颁布、1994年1月1日起施行。

《全国人民代表大会常务委员会关于修改〈中华人民共和国消费者权益保护法〉的决定》由中华人民共和国第十二届全国人民代表大会常务委员会第五次会议于2013年10月25日通过，自2014年3月15日起施行修订的新版《消费者权益保护法》。

《消费者权益保护法》共八章63条，主要内容包括总则、消费者的权利、经营者的义务、国家对消费者合法权益的保护、消费者组织、争议的解决、法律责任、附则。

（2）《消费者权益保护法》的意义

为保护消费者的合法权益，维护社会的经济秩序，促进社会主义市场经济健康发展，国家制定了本法。消费者为生活消费需要购买、使用商品或者接受服务，其权益受本法保护。本法规定，经营者与消费者进行交易，应当遵循自愿、平等、公平、诚实、信用的原则。国家保护消费者的合法权益不受侵害。

3.《消费者权益保护法》要点与案例详解

（1）充实细化消费者权益的规定

①明确个人信息保护。

《消费者权益保护法》第十四条中明确规定，消费者在购买、使用商品和接受服务时，享有个人信息依法得到保护的权利。将个人信息保护以法律形式作为消费者权益确认下来，是消费者权益保护领域的一项重大突破。

②所有商品都实行"三包"。

《消费者权益保护法》第二十四条规定，一是明确了消费者享有优先退货权。规定商品或者服务不符合质量要求的情况下，消费者可以依照国家规定和当事人约定退货、更换、修理；二是扩大了"三包"（指包修、包换、包退）规定的适用范围，原"三包"规定涉及的商品仅有 23 小类，现在将覆盖面扩大到所有的商品；三是规定了进行退货、更换、修理的，经营者应当承担运输等必要的费用。

③加大对欺诈行为的惩罚力度。

提高了针对一般性欺诈行为的赔偿数额，由过去的增加赔偿一倍的商品、服务价款，提升到现在的增加赔偿三倍的商品、服务价款；同时规定了最低赔偿金，解决了一些商品或者服务价款过低，惩罚性赔偿没有力度，不利于动员消费者维权，使不法经营者得不到应有惩罚的问题。

（2）进一步明确经营者的义务与责任

①明确召回缺陷商品的义务。

《消费者权益保护法》第十九条明确规定，只要经营者发现其提供的商品或者服务存在缺陷，有危及人身、财产安全危险的，一是要立即报告有关行政部门和告知消费者；二是采取停止销售、警示、召回、无害化处理、销毁、停止生产或者服务等措施；三是因商品被召回支出的必要费用由经营者承担。

②明确经营者的举证责任。

《消费者权益保护法》第二十三条明确规定，经营者提供的机动车、计算机、电视机、电冰箱、空调器、洗衣机等耐用商品或者装饰装修等服务，消费者自接受商品或者是服务之日起六个月内发现瑕疵，发生争议的，由经营者承担有关瑕疵的举证责任。

③强化广告经营者、发布者及广告相关方的责任。

《消费者权益保护法》第四十五条明确规定，广告经营者、发布者设计、制作、发布关系消费者生命健康商品或者服务的虚假广告，造成消费者损害的，应当与提供商品或者服务的经营者承担连带责任。

（3）规范网络购物等新型消费方式

①保护消费者的知情权。

《消费者权益保护法》第二十八条明确规定，网络、电视、电话、邮购的经营者，以及提供证券、保险、银行等金融服务的经营者,都有提供相关必要信息的义务。

②保护消费者的选择权。

随着信息技术发展,网购逐渐成为人们购物的重要方式之一。但这种消费方式因消费者主要通过经营者提供的图片、文字、别人评价等选择商品,不易辨别商品的真实性,消费者投诉持续增加。经营者采用网络、电视、电话、邮购等方式销售商品,消费者有权自收到商品之日起七日内退货,且无需说明理由。

【案例分析】

国先生 2018 年 11 月通过某宝在商家购买一双运动鞋,收到商品后发现没有发票,并且鞋有质量问题,次日国先生便将鞋给商家退了回去,但是商家以不能二次销售为由拒绝给国先生退货。投诉到消协,经调查,该鞋消费者并未穿着,商家也无法提供影响二次销售的证据,经协调,商家为消费者退回购物款。

该案件的焦点问题是商家以“影响二次销售”为由,限制消费者的“七天无理由退货”权利所引发的纠纷,依据《消费者权益保护法》第二十五条:经营者采用网络、电视、电话、邮购等方式销售商品,消费者有权自收到商品之日起七日内退货,且无需说明理由。商家理应为消费者退货。

(4)保护消费者的损害赔偿请求权

网络交易平台提供者作为第三方,须承担有限责任,即在无法提供销售者或者服务者的真实名称、地址和有效方式的情况下,承担先行赔偿责任。同时规定,网络交易平台做出更有利于消费者承诺的,应当履行承诺,防止承诺不兑现。这一规定有助于督促网络交易平台履行审核义务,有助于解决实践中网络异地消费,一旦发生纠纷难以找到经营者主体的突出问题,有助于消费者索赔权的实现,对于维护网络消费者的合法权益具有重要作用。

(5)消费者协会的作用越发凸显

①消费者协会应该向消费者提供消费信息和咨询服务,提高消费者维护自身合法权益的能力,引导文明、健康、节约资源和保护环境的消费方式。

②增加参与制定有关消费者权益的规章和强制性标准的职责。

赋予消费者协会参与有关立法立标的工作,通过消费者保护组织的力量帮助消费者反映要求、提出建议,有助于推动相关法律法规和技术标准的完善,更好地保护消费者权益。

③增加提起公益诉讼的职责。

针对损害众多消费者合法权益的行为,赋予中国消费者协会和省、自治区、直辖市消费者协会以自身名义提起诉讼的权力,有利于减轻消费者的诉讼负累,更好地维护消费者的集体利益。

(6)进一步明确行政部门的监管职责

①加强对商品和服务的抽查检验。

有关行政部门在各自的职责范围,应当定期或者不定期对经营者提供的商品和服务进行抽查检验,并及时向社会公布抽查检验结果。

②明确对缺陷商品责令召回等职责。

有关行政部门发现并认定经营者提供的商品或者服务存在缺陷,有危及人身、财产安全危险的,应当立即责令经营者采取停止销售、警示、召回、无害化处理、销毁、停止生产或者服务等措施。

③建立信用档案。

经营者除依照法律、法规予以处罚外,处罚机关应当记入信用档案,向社会公布。

④明确行政部门处理消费者投诉的职责。

消费者向有关行政部门投诉的,该部门应当自收到投诉之日起七个工作日内,予以处理并告知消费者。

(四)其他食品法律

1.《计量法》

《中华人民共和国计量法》(简称《计量法》)由第六届全国人民代表大会常务委员会第十二次会议于1985年9月6日通过,1986年7月1日起施行。《计量法》共六章34条,在总则,计量基准器具、计量标准器具和计量检定,计量器具管理计量监督及法律责任等方面进行了规定。1987年2月1日国家计量局又发布了《计量法实施细则》,与《计量法》配套实施。根据2009年8月27日第十一届全国人民代表大会常务委员会第十次会议《关于修改部分法律的决定》第一次修正,根据2013年12月28日第十二届全国人民代表大会常务委员会第六次会议《关于修改〈中华人民共和国海洋环境保护法〉等七部法律的决定》第二次修正,根据2015年4月24日第十二届全国人民代表大会常务委员会第十四次会议《关于修改〈中华人民共和国计量法〉等五部法律的决定》第三次修正。根据2017年12月27日第十二届全国人民代表大会常务委员会第三十次会议《关于修改〈中华人民共和国招标投标法〉、〈中华人民共和国计量法〉的决定》第四次修正,根据2018年10月26日第十三届全国人民代表大会常务委员会第六次会议《关于修改〈中华人民共和国野生动物保护法〉等十五部法律的决定》第五次修正。

《计量法》是我国建立计量法律制度的依据。《计量法》实施以来,在加强计量监督管理,促进生产、贸易和科学技术的发展,适应社会进步和国民经济建设等方面发挥了举足轻重的作用,做出了巨大的贡献。

2.《产品质量法》

为加强对产品质量的监督管理,提高产品质量水平,明确产品质量责任,保护消费者的合法权益,维护社会经济秩序,制定了《中华人民共和国产品质量法》(简称《产品质量法》)。1993年2月22日第七届全国人民代表大会常务委员会第三十次会议通过,自1993年9月1日起施行。根据2000年7月8日第九届全国人民代表大会常务委员会第十六次会议、2009年8月27日第十一届全国人民代表大会常务委员会第十次会议两次修正,2018年12月29日第十三届全国人民代表大会常务委员会第七次会议进行了第三次修正。

《产品质量法》属于产品质量基本法,是我国产品质量法律体系的基础,是全面、系统地规范产品质量问题的重要经济法,是一部包含产品质量监督管理和产品质量责任两大范畴的基本法律。《产品质量法》共六章74条:分别为总则,产品质量的监督,生产者、销售者的产品质量责任和义务,损害赔偿,罚则和附则。

3.《广告法》

《中华人民共和国广告法》(简称《广告法》)由中华人民共和国第十二届全国人民代表大会常务委员会第十四次会议于2015年4月24日修订通过,自2015年9月1日起施行。根据2018年10月26日第十三届全国人民代表大会常务委员会第六次会议《关于修改〈中华人民共和国野生动物保护法〉等十五部法律的决定》进行修正。根据2021年4月29日第十三届全国人民代表大会常务委员会第二十八次会议修改《中华人民共和国道路交通安全法》等八部法律。

《广告法》的颁布,对于规范广告活动、促进广告业的健康发展、保护消费者的合法权益、维护社会经济秩序、发挥广告在社会主义市场经济中的积极作用,都有着重要意义和作用。

三、我国执法监督主体

(一)食品行政执法概述

1.食品行政执法

食品行政执法是指国家食品行政机关和法律法规授权的相关组织依法执行适用法律,实现国家食品管理的活动。

2.食品行政行为

国家行政机关行使职权、实施行政管理时依法所做出的直接或间接产生行政法律后果的行为,称为行政行为。行政行为可以分为抽象行政行为和具体行政行为。抽象行政行为是指行政机关针对不特定的行政对象制定或发布的具有普遍约束力的规范性文件的行政行为。具体行政行为是指政机关针对特定的、具体的公民、法人或者其他组织,就特定的具体事项,做出有关该公民、法人或者组织权利义务的单方行为。

执法行为是单方法律行为。在食品行政执法过程中,执法主体与相对人(指在行政法律关系中与行政主体相对应一方的公民、法人或者其他组织)之间所形成的行政法律关系,是领导与被领导、管理与被管理的行政隶属关系。食品行政执法主体无须征得相对人的同意就可以做出导致一定法律后果的行为。行为成立的唯一条件是其合法性。

执法行为必然产生一定的法律后果。食品行政执法行为是确定特定人某种权利或义务,剥夺、限制其某种权利,拒绝或拖延其要求的过程。因此,必然会直接或者间接地产生相关的权利义务关系,产生相应的、现实的法律后果。

3.食品行政执法依据

食品行政执法的依据只能是国家现行有效的食品法律、法规、规章,以及上级食品行政机关发布的决定、命令、指示等。

4.食品行政执法主体

食品行政执法主体包括职权性执法主体和授权性执法主体。职权性执法主体只能是国家行政机关,包括各级人民政府及其职能部门,以及县级以上地方政府的派出机关;授权性执法主体是指根据宪法和行政组织法以外的单行法律、法规的授权规定而获得行政执法资格的组织。也就是说,授权性执法资格的获得,是依据宪法和行政组织法以外的单行法律、法规,其职权的内容、范围和方式是专项的、单一的、具体的,必须按照授权规范所规定的职权标准去行使。

我国食品行政执法主体主要有以下单位和机构:

(1)国家市场监督管理总局

国家市场监督管理总局于 2018 年正式挂牌,根据第十三届全国人民代表大会第一次会议批准的《国务院机构改革方案》,将国家工商行政管理总局的职责,国家质量监督检验检疫总局的职责,国家食品药品监督管理总局的职责,国家发展和改革委员会的价格监督检查与反垄断执法职责,商务部的经营者集中反垄断执法,以及国务院反垄断委员会办公室等职责整合,组建国家市场监督管理总局。根据《国家市场监督管理总局职能配置、内设机构和人员编制规定》,国家市场监督管理总局是国务院直属机构,为正部级。

国家市场监督管理总局的主要职责如下:

①负责市场综合监督管理。起草市场监督管理有关法律法规草案,制定有关规章、政策、标准,组织实施质量强国战略、食品安全战略和标准化战略,拟订并组织实施有关规划,规范和维护市场秩序,营造诚实守信、公平竞争的市场环境。

②负责市场主体统一登记注册。指导各类企业、农民专业合作社和从事经营活动的单位、个体工商户及外国(地区)企业常驻代表机构等市场主体的登记注册工作。建立市场主体信息公示和共享机制,依法公示和共享有关信息,加强信用监管,推动市场主体信用体系建设。

③负责组织和指导市场监管综合执法工作。指导地方市场监管综合执法队伍整合和

建设,推动实行统一的市场监管。组织查处重大违法案件。规范市场监管行政执法行为。

④负责反垄断统一执法。统筹推进竞争政策实施,指导实施公平竞争审查制度。依法对经营者集中行为进行反垄断审查,负责垄断协议、滥用市场支配地位和滥用行政权力排除、限制竞争等反垄断执法工作。指导企业在国外的反垄断应诉工作。承担国务院反垄断委员会日常工作。

⑤负责监督管理市场秩序。依法监督管理市场交易、网络商品交易及有关服务的行为。组织指导查处价格收费违法违规、不正当竞争、违法直销、传销、侵犯商标专利知识产权和制售假冒伪劣行为。指导广告业发展,监督管理广告活动。指导查处无照生产经营和相关无证生产经营行为。指导中国消费者协会开展消费维权工作。

⑥负责宏观质量管理。拟订并实施质量发展的制度措施。统筹国家质量基础设施建设与应用,会同有关部门组织实施重大工程设备质量监理制度,组织重大质量事故调查,建立并统一实施缺陷产品召回制度,监督管理产品防伪工作。

⑦负责产品质量安全监督管理。管理产品质量安全风险监控、国家监督抽查工作。建立并组织实施质量分级制度、质量安全追溯制度。指导工业产品生产许可管理。负责纤维质量监督工作。

⑧负责特种设备安全监督管理。综合管理特种设备安全监察、监督工作,监督检查高耗能特种设备节能标准和锅炉环境保护标准的执行情况。

⑨负责食品安全监督管理综合协调。组织制定食品安全重大政策并组织实施。负责食品安全应急体系建设,组织指导重大食品安全事件应急处置和调查处理工作。建立健全食品安全重要信息直报制度。承担国务院食品安全委员会日常工作。

⑩负责食品安全监督管理。建立覆盖食品生产、流通、消费全过程的监督检查制度和隐患排查治理机制并组织实施,防范区域性、系统性食品安全风险。推动建立食品生产经营者落实主体责任的机制,健全食品安全追溯体系。组织开展食品安全监督抽检、风险监测、核查处置和风险预警、风险交流工作。组织实施特殊食品注册、备案和监督管理。

⑪负责统一管理计量工作。推行法定计量单位和国家计量制度,管理计量器具及量值传递和比对工作。规范、监督商品量和市场计量行为。

⑫负责统一管理标准化工作。依法承担强制性国家标准的立项、编号、对外通报和授权批准发布工作。制定推荐性国家标准。依法协调指导和监督行业标准、地方标准、团体标准制定工作。组织开展标准化国际合作和参与制定、采用国际标准工作。

⑬负责统一管理检验检测工作。推进检验检测机构改革,规范检验检测市场,完善检验检测体系,指导协调检验检测行业发展。

⑭负责统一管理、监督和综合协调全国认证认可工作。建立并组织实施国家统一的认证认可和合格评定监督管理制度。

⑮负责市场监督管理科技和信息化建设、新闻宣传、国际交流与合作。按规定承担技术性贸易措施有关工作。

⑯管理国家药品监督管理局、国家知识产权局。

⑰完成党中央、国务院交办的其他任务。

【案例分析】

从一头猪的监管看改革前后的食品安全监管体系。

2013年3月22日,"国家食品药品监督管理局(SFDA)"改名为"国家食品药品监督管理总局(CFDA)"并进行了机构重组。

机构重组前:

a. 生猪的养殖环节由原农业部管理,出栏后在进入屠宰前,要有原农业部动物检验部门开具的动物检疫证明。

b. 进入屠宰环节,由商务部进行管理。

c. 屠宰后的猪肉进入食品加工企业进行肉制品加工的部分,由质监部门对企业的产品进行抽样检验。

d. 屠宰后直接以鲜肉产品进入市场的部分,由工商部门对其进行管理。

e. 餐馆酒楼的猪肉及其制品由食品药品监督管理局来管理。

f. 如出现类似"瘦肉精"的食品安全犯罪,由公安部门查处。

机构重组后:

a. 原农业部负责农产品质量监督管理。将商务部的生猪定点屠宰监督管理职责划入原农业部。生猪的养殖环节的饲料安全、添加剂安全、屠宰前检疫、私屠乱宰的管理、注水等问题都由原农业部监管。农业的监管内容主要为在源头防范问题猪肉。

b. 生猪屠宰后,无论进入生产、流通、餐饮任何一个环节,都由国家食品药品监督管理总局进行监管。

在国家市场监督管理总局成立后,食品安全的监管部门减少,各部门的监管职责更加明确,有利于食品安全的市场监管。

(2)食品卫生行政机关

卫生行政机关是依据宪法和行政组织法规定而设立的履行卫生行政职能的国家行政组织,是最主要的食品卫生行政执法主体,卫生行政机关主要是国家卫生健康委员会。

国家卫生健康委员会主要职责包括:组织拟订国民健康政策,拟订卫生健康事业发展法律法规草案、政策、规划,制定部门规章和标准并组织实施。协调推进深化医药卫生体制改革,研究提出深化医药卫生体制改革重大方针、政策、措施的建议。制定并组织落实疾病预防控制规划、国家免疫规划及严重危害人民健康公共卫生问题的干预措施,制定检疫传染病和监测传染病目录。组织拟订并协调落实应对人口老龄化政策措施,负责推进老年健康服务体系建设和医养结合工作等。

(3)法律法规授权的其他组织

现实生活中,法律法规授权的食品执法组织,主要是各级市场监督管理、卫生防疫机构等。例如,根据法律法规的授权,县级以上卫生防疫机构承担重要的食品卫生执法活动,依法享有独立的监督检查权、处罚权等,各级卫生防疫机构可以对食品生产经营场所实施卫生监督检查并处罚。

(4)联合执法主体

根据有关单行法律、法规规定,由市场监督管理部门会同其他部门,如疾控中心、海关等,共同进行食品行政执法时,这些部门、机关就成为联合执法主体,或者称为共同执法主体。

(二)食品行政执法监督

1.食品行政执法监督的概念

食品行政执法监督是指有权机关、社会团体和公民个人等,依法对食品行政机关及其执法人员的行政执法活动是否合法、合理进行监督的法律制度。

我国《宪法》明确规定,国家的一切权力属于人民。人民并不直接进行国家事务的管理,而是通过人民代表大会等形式和途径,授权国家机关或组织行使管理国家事务和社会事务的权力。因此,国家机关及其工作人员的行政活动必须依法而行,并且受到有关机关和广大人民群众的监督。食品行政执法是否公正、合理、合法,关系到食品法律法规的贯彻执行,关系到整个食品行业能否健康发展。对食品行政执法活动进行监督,是提高执法主体工作效率,克服官僚主义,防止腐败的有力武器,同时也是保护公民、法人和其他组织的合法权益,实行人民当家作主权利的重要保证。

2.食品行政执法监督的特征

监督主体的广泛性。广义上的执法监督是指全社会的监督,包括特定的国家权力机关、行政机关、司法机关等直接产生法律效力的监督,也包括社会团体和公民个人等不直接产生法律效力的民主监督。因此,享有监督权的监督主体相当广泛。

监督的对象是确定的。食品行政执法监督的对象是食品行政执法机关和执法人员。

监督的内容完整。法定监督主体对食品执法主体及执法人员行使职权、履行职责的一切执法活动都实行监督;对执法行为的合法性、合理性、公正性等也都进行监督。

3.食品行政执法监督的种类

权力机关的监督。国家权力机关的监督也称为代表机构的监督或立法监督。我国《宪法》规定国家的一切权力属于人民,人民行使国家权力的机关是全国人民代表大会和地方各级人民代表大会。国家行政机关由人民代表大会产生,对它负责,受它监督。

权力机关对食品行政机关的监督,属于全面性的监督,不仅监督食品行政行为是否合法,而且监督其工作是否有成效。监督的方式有听取和审议工作报告,审查和批准财政预决算,质询和询问,视察和检查,调查、受理申诉、控告和检举,罢免和撤职等。

司法机关的监督。司法机关的监督是指人民检察院和人民法院依法对食品行政行为实施的监督。人民检察院的监督主要是对食品行政机关的工作人员职务违法犯罪行为进行监督。人民法院的监督主要是通过对行政诉讼案件的审判,对食品行政机关的执法活动进行监督。

食品行政机关的监督。食品行政机关的监督是指食品行政机关内部、上级行政机关对下级行政机关的监督。食品行政机关内部的监督是经常的、直接的监督。监督的方式包括:工作报告,调查和检查,审查和审批,考核,批评和处置等。

非国家监督。上述三种情况下的监督一般称为国家监督。非国家监督包括执政党的监督,社会团体和组织的监督,社会舆论的监督,公民个人的监督等。

4.食品行政执法监督的内容

食品行政执法监督的内容主要有以下两个方面:一是对实施《宪法》、法律和行政法规等情况进行监督,监督主体对各级食品行政执法机关的执法活动是否合法、适当进行监督;二是对执法人员的执法活动等情况进行监督,监督主体对食品行政执法人员在执法过程中,是否行政失职、行政越权和滥用职权等进行监督。

思考题

1.请概述《食品安全法》的主要内容。

2.请简述《农产品质量法》的主要内容和意义。

3.请简述我国行政执法监督的种类和内容。

思政小课堂

项目三 国际和部分发达国家食品相关法律法规

预期学习目标

1. 掌握世界卫生组织和联合国粮农组织相关概况；

2. 熟悉国际食品法典委员会和国际标准化组织相关概况；

3. 了解世界动物卫生组织、国际职务保护公约和国外部分国家食品法律法规概况。

一、相关案例导读

案例1：海关总署：2019年我国19.68%出口企业受到国外技术性贸易措施影响。2020年9月27日，海关总署发布消息称，海关总署在全国范围内组织开展的国外技术性贸易措施对中国出口企业影响调查已圆满结束。调查结果显示，2019年度，我国19.68%的出口企业受到国外技贸措施不同程度的影响，同比下降11.30%。因退货、销毁、产品降级或者丧失订单等原因所发生的直接损失额为692.08亿元，同比减少68.22%；企业为应对国外技术性贸易措施而新增加的成本为161.14亿元，同比减少62.21%。技术性贸易措施依然是影响我国企业出口的重要因素。

影响我国工业品出口的技术性贸易措施集中在认证、技术标准、标签和标志、包装和材料、环保要求五方面，出口时遭遇过上述五类措施的企业占全部受影响企业数量的56.42%；影响农产品出口的技术性贸易措施类型集中在食品中农兽药残留限量标准、食品中重金属等有害物质限量要求、食品微生物指标要求、种养殖基地及加工厂和仓库注册要求、食品标签要求五方面，受上述因素影响的出口企业占比高达60.92%。（案例来源：北京商报）

讨论：为什么会存在技术性贸易措施？如何减少此类影响？

案例2：出口米粉行业破冰：找准技术性贸易措施合规应对方向。作为广西特色小吃，实现预包装的螺蛳粉产业蓬勃发展，2018年产值突破40亿元。但与国内市场销售火爆的情况相反，自2017年起，广西16家预包装螺蛳粉（以下简称"螺蛳粉"）生产企业获得出口资质并首次实现出口，出口值却逐年下滑：2017年出口货值22.9万美元；2018年出口货值11.3万美元，同比下降50.6%；2019年1~5月出口货值仅8390美元。与此同时，自2017年以来，螺蛳粉被美国、英国、韩国等国家通报不合格8次，经溯源核查发现，其中1批螺蛳粉的生产企业未在海关办理进出口资质，7批螺蛳粉均非其生产企业申报出口。

缘何出口米制品（米粉干）频遭技术性贸易措施？

①海外市场进口食品安全准入标准纷繁复杂。美国要求进口食品生产企业进行"生物反恐""低酸食品"注册；欧盟、英国要求其进口的米制品企业拥有当地海关备案的大米种植场；东盟相关宗教和政府机构对进口食品及食品原料、配料、食品添加剂要求具备"清真认证"资质。同时，受非洲猪瘟疫情影响，进口国加强了对猪肉及其制品的进口检验检疫力

度,不允许含有猪肉成分的食品进入(部分螺蛳粉企业在汤包熬制过程中添加猪骨)。

②进口国对植物源性进口食品检测项目及标准限值要求日益严苛。植物性调料、米粉及制品、谷物制品都属于植物源性产品,植物源性产品重点关注的风险点在农药限量、兽药残留、重金属残留、标签与包装的相应法规、感官类的卫生项目、食品安全类项目、转基因管控等,其中米粉及其制品应特别关注转基因成分:欧盟要求我国输欧米制品必须随附转基因检测报告和卫生证书,而美国市场允许转基因产品进入,但是必须在标签上进行标识可供消费者选择。

讨论:如何应对技术性贸易措施?

案例3:食品农产品出口遇贸易壁垒可找基地专家想办法。2017年3月,全国首个食品农产品技术性贸易措施研究评议基地落户山东潍坊。这一基地由国家质检总局标法中心、山东检验检疫局、潍坊市人民政府三方共同建立。当天,三方共同签署了中国WTO/TBT-SPS国家通报咨询中心潍坊食品农产品技术性贸易措施研究评议基地协议,举行了基地授牌仪式。

该基地日常工作由检验检疫部门承担,组织禽肉、蔬菜等行业协会、部分企业与相关食品农产品认证机构的专家开展相关研究评议活动。还将与相关政府部门加强合作,共同深化出口食品农产品质量安全示范区和"一标两市"的建设,为辖区"三农"事业发展提供全方位优质服务。这是国家质检总局标法中心与山东检验检疫局关于技术性贸易措施工作战略合作的重要组成部分。

近年来,国外针对我国出口食农产品的法律法规密集出台,技术检验措施不断加严,注册检查明显增多,导致准入门槛不断提高,技术性贸易措施难题亟待破解。该基地的建成,将有效发挥潍坊出口食品农产品质量安全示范区优势,全方位参与食品农产品技术性贸易措施研究和应对工作,通过国外技术性贸易措施信息采集、分析评议、研究应对等手段,有效破解国外壁垒、帮扶食品农产品顺利出口目标市场,同时借助其倒逼机制引领传统产业转型升级,进而促进我国食农产业健康发展,助力农业供给侧结构性改革,服务农业现代化建设。

据统计,我国约40%的出口企业受到过不同程度的技术性贸易措施影响,而限于人员不足、信息渠道有限、成本压力等原因,多数企业没有进行深入研究应对,只能被动承受。评议基地的落成,将有利于加强国外技术性贸易措施研究、应对,维护我国出口企业利益,为中国出口食品农产品在WTO争取更多话语权,帮助突破壁垒,顺畅进入目标市场。(案例来源:齐鲁晚报)

讨论:如何看待技术性贸易壁垒?

二、国际食品相关组织

(一)世界卫生组织(WHO)

1.世界卫生组织简介

世界卫生组织(World Health Organization,WHO)是联合国系统内卫生问题的指导和协调机构。1946年7月成立世界卫生组织筹备会并通过《世界卫生组织法》,1948年4月该法得到联合国26个成员批准并生效,世界卫生组织宣告成立,并将每年的4月7日定为世界卫生日。同年6月24日,WHO在日内瓦召开的第一届世界卫生大会上正式成立,总部设在瑞士日内瓦。2014年5月,第67届世界卫生大会通过2014年至2023年传统医学战略,敦促各成员政府重视传统医学在医疗保健中的作用,并进一步提高传统医学的规范性与安全性。这项举措将推进中医药发展。目前,该组织有194个正式成员(2015年)。

中国是WHO的创始国之一。1972年第25届世界卫生大会恢复了中国在该组织的合法席位。1978年10月,中国卫生部长和该组织总干事在北京签署了"卫生技术合作谅解备忘录",协调双方的技术合作,这是双方友好合作史上的里程碑。2006年11月,在日内瓦举行的世界卫生大会特别会议上,陈冯富珍当选为世界卫生组织总干事。这是中国首次提名竞选并成功当选联合国专门机构的最高领导职位。2013年2月26日下午,世界卫生组织在华合作中心主任会议在北京召开。

目前,中国与世界卫生组织的合作中心已达71个,其数目位居世界卫生组织西太平洋地区国家之首。现有的合作中心分布于我国10个省、自治区、市,覆盖了医学12个学科30余个专业。世界卫生组织合作中心作为我国与世界卫生组织开展卫生技术合作的窗口,在促进国际与国内卫生技术交流、人员培训等方面发挥了积极的辐射和示范作用,现已成为促进我国医学科学现代化,早日实现人人享有卫生保健目标的一支重要力量。

2.世界卫生组织的机构

WHO的最高权力机构是世界卫生大会,每年举行一次,主要任务是审议总干事的工作报告、规划预算、接纳新成员和讨论其他重要议题。执行委员会是由世界卫生大会选出,由32名成员政府指定的代表组成,任期3年,每年改选1/3。根据WHO的相关规定,联合国安理会5个常任理事国是必然的执委成员,但席位第三年后轮空一年。常设办事机构为秘书处,下设非洲、美洲、欧洲、东地中海、东南亚、西太平洋6个地区办事处,总干事是秘书处行政和业务首席官员,经投票选举产生。秘书处由3800多个卫生及其他领域的专家,以及一般服务人员等组成,分别工作在总部和6个地区办事处。秘书处的秘书长由执行委员会提名,通过世界卫生大会任命。

3.世界卫生组织的目标和职能

WHO负责对全球卫生事务提供领导,拟定卫生研究议程,制定规范和标准,阐明以证据为基础的政策方案,向各成员提供技术支持,以及监测和评估卫生趋势。该组织关注世界人民健康,给健康下的定义为"身体、精神和社会生活的完美状态"。致力于促进流行病和地方病的防治,提供和改进公共卫生、疾病医疗和有关事项的教学与训练。

4.《国际卫生条例》的修订

原条例是由世界卫生组织于1951年发布的,用来帮助监测和控制四种严重传染病——霍乱、鼠疫、黄热病和天花。但一些新的和重新出现的疾病以不同以往的方式传播,原条例已不能适应当今全球公共卫生的需要和疾病的跨境传染。1995年,第48届世界卫生大会通过了修订《国际卫生条例》(International Health Regulations, IHR)(以下简称《条例》)的决议。2003年的"非典"疫情蔓延更加速了修订的进程,先后于2004年11月和2005年2月、5月,在日内瓦组织召开了《条例》修订政府间工作组会议,其中中国政府结合自身的经验,提出了很多建设性意见并被采纳;此后,《条例》修订草案即提交给正在召开的第58届世界卫生大会。新《条例》的通过成为世界公共卫生史上的一个里程碑。

《国际卫生条例(2005)》是一部具有普遍约束力的国际卫生法,我国是该《条例》的缔约方。《条例》要求各缔约方应当发展、加强和保持其快速有效应对国际关注的突发公共卫生事件的应急核心能力。目前,我国公共卫生应急核心能力已达到《国际卫生条例(2005)》的标准。自《条例》生效以来,世界卫生组织的194个成员几乎已全部建立了自己的《国际卫生条例》,并做了179项任命。世界卫生组织经常收到卫生事件警报,与通报方一起进行联合风险评估并与其他成员分享实时信息。中国与世界卫生组织和其他成员就《条例》实施的相关问题开展交流与合作,提高了《条例》的实施能力。

(二)联合国粮农组织(FAO)

1.联合国粮农组织简介

联合国粮食及农业组织(Food and Agriculture Organization of the United Nations, FAO)(简称联合国粮农组织)是联合国的专门机构之一,是各成员间讨论粮食和农业问题的国际组织。1943年5月,在美国时任总统罗斯福的倡议下,44个成员参加了粮农会议,决定成立粮农组织筹委会,拟订粮农组织章程。1945年10月16日,粮农组织在加拿大魁北克正式成立,1946年12月14日成为联合国专门机构,总部设在意大利罗马。FAO的宗旨是保障各国人民的温饱和生活水准;提高所有粮农产品的生产和分配效率;改善农村人口的生活状况,促进农村经济的发展,并最终消除饥饿和贫困。从创建之初,FAO便致力于通过发展农业生产来减少饥饿,提高食品营养状况,杜绝食品安全问题引起的人类健康现象。2014年3月11日,联合国粮农组织表示,在21世纪中期之前全球粮食必须增产60%,否则将面临严重的粮食短缺,从而引发社会动荡及内战。

我国于1971年被FAO理事国第57届会议接纳作为正式成员参加该组织。联合国粮农组织在亚太、西非、东非和拉美设有区域办事处,在欧洲设有区域代表,另外在联合国纽约总部和华盛顿特区设有联络办事处。

2.联合国粮农组织的工作内容

联合国粮农组织的工作涉及很多领域,有土地和水资源的开发、森林工业、渔业、经济和社会政策、种植业与畜牧业的生产,以及营养和食物标准等。在这些领域,应成员要求提供直接的发展援助或与其他单位合作对发展中国家提供"发展援助";收集、分析并传播信息,为各成员政府提出建议;为各阶层人士关于食物和农业问题进行辩论和讨论提供一个国际论坛。1963年,为了以粮食为手段促进经济和社会发展、提供紧急救济,联合国粮农组织的活动进一步扩展,联合国和联合国粮农组织合办的世界粮食计划署正式开始工作。

世界粮食计划署一方面为天灾人祸的受害者提供紧急救济,另一方面为发展中国家的经济和社会发展项目提供支持。随着自然资源的不断消耗和环境恶化现象的不断加剧,社会各界都非常重视可持续发展,联合国粮农组织也将近期工作重点转移到可持续发展上,合理利用自然资源,保护生态环境,在不损害后代人利益的前提下满足当代人的需求。联合国粮农组织还负责实施联合国开发计划署资助的各项农业技术援助计划,参与联合国儿童基金会、世界银行、国际劳工组织及其他机构有关粮农计划的实际活动,指导世界范围内免于饥饿,并通过对国际农产品市场形势的分析和质量预测组织政府间协商,推进农产品的国际贸易。

3.联合国粮农组织的组成机制

大会是该组织的最高权力机构,由各成员委派 1 名代表组成,每 2 年举行一次会议,大会负责决定该组织的政策、批准预算和工作计划,通过行动规章和财务制度。理事会是大会的执行机构,在大会休会期间执行大会所赋予的权力。理事会下设计划和财政、农业、林业、渔业及世界粮食安全委员会,协助理事会研究和审查各种专门问题,提出相应的建议。秘书处是大会和理事会的执行机构,负责执行联合国粮农组织的计划。

(三)国际食品法典委员会(CAC)

1.国际食品法典委员会简介

为了在国际食品和农产品贸易中给消费者提供更高水平的保护,促进更公平的贸易活动,联合国粮农组织和世界卫生组织创建了国际食品法典委员会(Codex Alimentavius Commission,CAC)。作为一个制定食品标准、准则和操作规范等法律法规相关文件的国际性机构,其宗旨是保护消费者健康和便利食品国际贸易,通过制定推荐的食品标准及食品加工规范,协调各国的食品标准立法并指导其建立食品安全体系。

我国于 1984 年正式加入 CAC,成为国际食品法典委员会的正式成员。其主要职能为:

①通过或借助于适当的组织确定优先重点,以及开始或指导草案标准的制定工作。

②促进国际政府和非政府组织所承担的所有食品标准工作的协调一致。

③保护消费者健康和确保公平的食品贸易。

④批准由以上第 3 条已制定的标准,并与其他机构(以上第 2 条)已批准的国际标准一起,在由成员政府接受后,作为世界或区域标准予以发布。

⑤根据制定情况,在适当审查后修订已发布的标准。

2.国际食品法典委员会的组织机制

CAC 的组织机构包括全体成员大会(含常设秘书处)、执行委员会和附属技术机构(各类分委员会):

(1)全体成员大会

CAC 主要的决策机构是每 2 年 1 次在罗马和日内瓦轮流召开的全体成员大会,审议并通过国际食品法典标准和其他相关事项。委员会的日常工作由在罗马粮农组织总部的一个由 6 名专业人员和 7 名支持人员组成的常设秘书处来承担。

(2)执行委员会

在 CAC 全体成员大会休会期间,执行委员会代表委员会开展工作行使职权。执行委员会由主席和副主席连同委员会选出的 7 名来自非洲、亚洲、欧洲、拉美和加勒比、近东、北美及西南太平洋的成员组成。

①CAC 的附属技术机构。

CAC 的附属技术机构是 CAC 国际标准制定的实体机构。这些附属机构分成综合主题委员会(10 个)、商品委员会(11 个)、区域协调委员会(6 个)和政府间特别工作组(1 个)四类。每个委员会由国际食品法典委员会会议选定一个成员主持。在国际食品法典委员会的章程中,明确提出了其目的、责任规范、目标和议事规则。综合主题委员会负责拟订有关适用于所有食品的食品安全和消费者健康保护通用原则的标准。商品委员会负责拟定有关特定商品的标准。区域协调委员会负责处理区域性事务。此外,委员会成立政府间特设工作组(而非食品法典的委员会),以作为一种精简委员会组织结构的手段,并借此提高附属机构的运行效率。

国际食品法典委员会与成员主要的机构接触渠道就是各成员的法典联络处。根据法典程序手册,法典联络处的核心职能包括:充当国际食品法典委员会秘书处与成员之间的联系纽带,并协调国家一级与食品法典有关的所有活动。

②联合专家委员会。

联合国粮农组织和世界卫生组织共同资助和管理两个专家委员会,食品添加剂和污染物联合专家委员会和农药残留联合会议,二者均为制订食品法典标准所需的信息提供独立的科学建议。

3.食品法典

食品法典是全球消费者、食品生产和加工者、各国食品管理机构和国际食品贸易重要的基本参照标准。

自从 1961 年开始制定国际食品法典以来,负责这一工作的 CAC 在食品质量和安全方面的工作也得到了世界的重视,并且在保护消费者健康和维护公平食品贸易有关的工作中做出了突出贡献。

(四)世界动物卫生组织(OIE)

世界动物卫生组织(英语:World Organization for Animal Health;法语:Oflue international des épizooties,OIE),也称"国际兽疫局",是 1924 年建立的一个国际组织。2018 年 5 月,OIE 有 182 个成员,总部在法国巴黎。世界动物卫生组织作为动物卫生的国际组织,在国际动物法规和标准的制订中发挥着重要的作用,对全球的动物卫生工作具有权威性的指导作用。

OIE 宣称的使命如下。

①全球动物疫情的透明化。

这是 OIE 的首要任务。成员在发生动物疫情时必须向 OIE 进行通报,OIE 根据疫病危害紧急程度或者定期通过 OIE 网站、E-mail 和出版《疫情信息》《世界动物卫生状况》刊物等途径将这些信息转发给其他成员,以便及时采取必要的预防措施。

②收集、分析和传播兽医科技信息。

OIE收集和分析动物疫病控制的最新科技信息,然后将整理的有用信息通报各成员,以帮助他们提高控制和根除疫病技术的能力。

③为动物疫病控制提供专家意见和鼓励国际协作。

OIE向在控制和根除动物疫病(包括人畜共患病)方面需要帮助的成员提供技术支持,尤其是向贫穷的国家提供专家意见,以帮助控制那些影响畜牧业发展和人类健康,以及威胁其他国家的动物疫病。OIE已经与许多国际性地区和国家金融组织建立了永久性联系,以保证他们能够更多地为控制动物疫病和人畜共患病提供资金支持。

④制订动物和动物产品国际贸易的卫生规则,保证国际贸易的卫生安全。

OIE制订一系列国际标准化准则,包括:《陆生动物卫生法典》《陆生动物诊断试验和疫苗手册》《水生动物卫生法典》和《水生动物诊断试验手册》等。通过应用这些准则,成员既可以避免外来疫病和病原的侵入,又不需要设置不公正的技术壁垒。

⑤提供动物源食品更好的安全保障和通过科学的途径促进动物福利。

OIE成员决定通过建立OIE和FAO/WHO国际食品法典委员会的进一步协作以更好地保障动物源食品的安全。OIE在本领域内制订的标准着重在对动物屠宰前或者动物产品的初加工过程中(肉、奶、蛋等)可能对消费者有威胁的潜在危害进行消除。

OIE自成立起,作为唯一的国际动物卫生参考组织发挥了重要的作用,得到了国际的认可,并通过与所有成员兽医机构的直接合作得到长足的发展。作为动物卫生和动物福利之间紧密联系的一种标志,OIE已成为动物福利最主要的国际组织。正是基于上述发展目标,OIE得到了各成员和许多相关的国际和区域性组织的认可,从而也使自身获得发展,成为动物及其产品国际贸易中举足轻重的一个国际性组织。

(五)《国际植物保护公约》(IPPC)

1.《国际植物保护公约》简介

《国际植物保护公约》(International Plant Protection Convention,IPPC)是一个由联合国粮农组织倡导的多边条约,由设在FAO植保处的秘书处管理。《国际植物保护公约》的签约签署目的是防止由植物和植物产品导致的害虫的引进和传播,以及促进各签约方采取相应的控制措施。《国际植物保护公约》得到了世界贸易组织的《动植物卫生和检疫措施协议》的认可,《国际植物保护公约》制定的植物检疫国际标准影响着国际贸易。

2.《国际植物保护公约》秘书处的职责和任务

最初,《国际植物保护公约》由FAO的植保处管理,主要通过FAO的植保处与各地区和各国家的植保组织合作。1992年,FAO建立了国际植物保护公约秘书处,秘书处的职责是在《国际植物保护公约》的框架指导下,在全球范围内协调植物检疫措施。国际植物保护公约秘书处的人员包括秘书、协调人员、植物检疫官员、植物病理学家和信息官员。秘书处的主要活动有:植物检疫国际标准的建立;规范《国际植物保护公约》要求的信息,简化签约方之间信息的交换;通过FAO与各国政府及其他组织的合作为各国提供技术援助。

3.植物检疫措施专家委员会、植物检疫措施过渡委员会及临时标准委员会成立的背景及其职能

1993年,FAO成立了植物检疫措施专家委员会(Committee of Experts on Phy to sanstary Measures,CEPM),并采用了过渡标准制定程序。1997年11月,FAO大会通过了新修订的《国际植物保护公约》,提出建立植物检疫措施委员会,作为制定全球植物检疫协议的管理机构。据此,FAO组建了植物检疫措施临时委员会(Interim Commission on Phytosanitary Measures,ICPM),其职责是评价世界范围内植物保护的状况,为国际植物保护公约秘书处的工作计划提供指导并批准发布国际标准。

2000年,临时标准委员会(Interim Standards Committee,ISC)代替了植物检疫措施专家委员会。临时标准委员会由世界范围的植物检疫措施专家组成,每年要对国际植物保护公约秘书处所准备的文件的适用性和科学性进行评价和检查。国际植物检疫措施标准包括以下内容:规程和参考资料,有害生物监督、调查和监测,进口管制和有害生物风险分析,遵守程序和植物检疫检测方法,有害生物管理,入境后检疫,外来有害生物应急响应、防控及根除,出口检疫证书。

与植物检疫措施国际标准制定有关的植物保护组织包括国家级植物保护组织和区域性植物保护组织。国际植物保护公约规定每个签约方都应指定一个官方联络点,以便于国际植物保护公约相关信息的交流。各签约方的国家级植物保护组织可以作为本国的官方联络点。区域性的植物保护组织有9个,分别是亚太植物保护委员会、加勒比海植物保护委员会、欧洲和地中海植物保护组织、南美植物检疫委员会、南美植物保护委员会、非洲植物检疫顾问委员会、北美植物保护组织、国际区域植物检疫组织和太平洋植物保护组织。中国是亚太植物保护委员会成员之一。

4.植物检疫措施国际标准制定的程序

植物检疫措施国际标准制定的程序如下:

①由国家级植物保护组织或区域性植物保护组织或国际植物保护公约专家工作组向国际植物保护公约秘书处提出标准的第一草案。

②秘书处将标准草案提交给ISC。

③ISC对标准的适用性和科学性进行评价和检查后反馈给国际植物保护公约秘书处。

④国际植物保护公约秘书处就标准进行政府咨询。

⑤国际植物保护公约秘书处将咨询结果再次提交ISC。

⑥ISC充分考虑政府咨询结果,对标准草案修改并反馈给国际植物保护公约秘书处。

⑦由国际植物保护公约秘书处将修改后的标准提交给ICPM,并形成标准,分发给《国际植物保护公约》的各签约方。

(六)国际标准化组织(ISO)

1.国际标准化组织简介

国际标准化组织是一个全球性的非政府组织,在国际标准化领域中有十分重要的地位。它是世界上最大、最具权威的标准化机构。

国际标准化活动最早开始于电子领域,于1906年成立了世界上最早的国际标准化机构——国际电工委员会。其他技术领域的工作由成立于1926年的国家标准化协会的国际联盟承担。国际标准化组织章程于1947年2月23日得到15个国家标准化机构的认可,其总部设在瑞士日内瓦,工作语言为英文、法文和俄文。

国际标准化组织的宗旨是在全世界范围内促进标准化工作的开展,以便于国际物资交流和相互服务,并扩大知识、科学、技术和经济方面的合作。它的工作领域很宽,涉及除电工电子以外的其他所有学科,其主要活动是制订国际标准,协调世界范围内的标准化工作,组织各成员和技术委员会进行信息交流,以及与其他国际性组织进行合作,共同研究有关标准化问题。各个国家的标准化组织可以以正式成员或通讯成员的名义参加该国际组织。

我国于1978年9月以中国标准化协会名义参加了ISO,成为正式成员。1985年起改以中国国家标准局名义参加,我国连续三次被选为理事会成员,在ISO组织工作中发挥着重要作用。

ISO是联合国经济及社会理事会的甲级咨询组织和贸易理事会综合级(即最高级)咨询组织。此外,ISO还与联合国的许多组织,如国际劳工组织、教科文组织、粮农组织、国际民用航空组织等保持密切联系。根据ISO章程规定,为扩大国际的经济技术合作,增进相互了解,消除彼此间的技术壁垒,ISO还与600多个国际性和区域性组织就标准化问题进行合作。

2.国际标准化组织的组织机构

国际标准化组织的组织机构包括全体大会、政策制定委员会、理事会、ISO中央秘书处、理事会常设委员会、特别顾问咨询组、技术管理局(包括标准样品委员会、技术咨询组、技术委员会等)。

①ISO的最高权力机构是全体成员大会,它是由官员和各成员团体指定的代表组成,其官员由主席、副主席(政策)、副主席(技术)、司库、秘书长组成。全球成员大会一般每年举行一次,其议事日程包括ISO年度报告、ISO有关财政和战略规划及司库关于中央秘书处的财政状况报告。全体大会由主席主持。

②理事会由主席、副主席、秘书长、司库及18个理事国组成,每年召开1次,理事会成员任期3年,每年改选1/3。英、法、德、美、俄、日为常任理事国。理事会下设政策制定委员会、理事会常务委员会、技术管理局、特别顾问咨询组,以及若干专门委员会。

(七)世界贸易组织(WTO)、卫生检疫措施协定(SPS)和技术性贸易协定(TBT)

1.世界贸易组织简介

世界贸易组织(以下简称世贸组织)于1995年1月1日正式开始运作,负责管理世界经济和贸易秩序,总部设在瑞士日内瓦。1996年1月1日,它正式取代1947年订立的关贸总协定临时机构。与关贸总协定临时机构相比,世贸组织涵盖货物贸易、服务贸易及知识产权贸易,而关贸总协定临时机构只适用于商品货物贸易。世界贸易组织是当代最重要的国际经济组织之一,拥有 160 多个成员,成员贸易总额达到全球的 97%,有"经济联合国"之称。

世贸组织的宗旨是提高生活水平,保证充分就业和大幅度、稳步提高实际收入和有效需求;扩大货物和服务的生产与贸易;坚持走可持续发展之路,各成员方应促进对世界资源的最优利用、保护和维护环境,并以符合不同经济发展水平下各成员需要的方式,加强采取各种相应的措施;积极努力确保发展中国家,尤其是最不发达国家在国际贸易增长中获得与其经济发展水平相适应的份额和利益;建立一体化的多边贸易体制;通过实质性削减关税等措施,建立一个完整的、更具活力的、持久的多边贸易体制;以开放、平等、互惠的原则,逐步调降各成员关税与非关税贸易障碍,并消除各成员在国际贸易上的歧视待遇。

世贸组织的基本职能有:管理和执行共同构成世贸组织的多边及诸边贸易协定;作为多边贸易谈判的讲坛;寻求解决贸易争端;监督各成员贸易政策,并与其他制订全球经济政策有关的国际机构进行合作。世贸组织的目标是建立一个完整的、更具有活力的和永久性的多边贸易体制。世贸组织是一个独立于联合国的具有法人地位的永久性国际组织,在调解成员争端方面具有很高的权威性。

2.世界贸易组织与食品卫生安全工作

当今世界,食品安全已成为人们日益关注的问题。为维护全世界人民的利益,WTO 对食品安全提出了几点建议及策略:

①支持食品危险因素评估科学的发展,其中包括与食源性疾病相关危险因素的分析。

②协调国家级食品安全相关部门进行食品安全活动,尤其是与食源性疾病危险性评估相关的活动。

③建立和维护国家或区域水平的食源性疾病调查以及食品中有关微生物和化学物质的监测和控制手段,强化食品加工者、生产者和销售者在食品安全方面应负的责任。

④为防止微生物抗药性的发展,应将综合措施纳入食品安全策略中。

⑤把食品安全作为公共卫生的基本职能之一,并提供足够的资源以建立和加强其食品安全规划。

⑥把食品安全问题纳入消费者卫生和营养教育与资讯网络,尤其是引入小学和中学的课程中,并针对食品操作人员、消费者、农场主、加工人员及农产品加工人员开展卫生和营养教育。

⑦从消费者角度建立包括个体从业人员在内的食品安全改善规划,并通过与食品企业合作,以探索提高他们对良好生产规范的认识水平。

⑧制定和实施系统的、持久的预防措施,以显著减少食源性疾病的发生。

⑨积极参与食品法典委员会及其工作委员会的工作,包括对新出现的食品安全风险的分析活动。

另外,各成员还应加强食源性疾病的监测系统建设、加强危险性评价、发展对新技术食品安全性评价的方法、加强危险性交流、提倡食品安全、加强国际和国内的有效合作、加强能力建设等。

3.《实施卫生与植物卫生措施协定》(《SPS 协定》)

为了保护人类、动物和植物的生命和健康,并使贸易的负面影响尽可能降到最低,世贸组织各成员方达成了《实施卫生与植物卫生措施协定》(Agreement on the Application of Sanitary and Phytosanitary Measures,简称《SPS 协定》)。

《SPS 协定》指出,保护食品安全、防止动植物病害传入本地区是必要的,因此各成员有权制定或采取一定措施以保护本地区的消费者、动物及植物,但这些措施绝不能人为地或不公正地对各成员商品贸易存在不平等待遇,或超过保护消费者要求的更严格的标准,构成潜在的贸易限制。为此,《SPS 协定》要求各成员的检疫措施应遵守科学原则、国际标准化原则、等效原则、区域化原则、透明度原则及预防原则等,以企图对某一特定措施究竟是一项限制贸易的措施还是一项保护健康的措施予以公正、客观的判断,解决出口方进入市场的权利和进口方维持特定的健康和安全的权利之间发生的冲突,使《SPS 协定》对国际贸易的限制降到最低。

(1)《SPS 协定》的适用范围

《SPS 协定》适用于所有可能直接或间接影响国际贸易的卫生与植物卫生措施,这些措施包括下列五方面内容:

①防止外来病虫害传入成员方造成危害的措施。

②保护成员方动物的生命免受饲料中的添加剂、污染物、毒素及外来病虫害传入危害的措施。

③保护成员方植物的生命免受外来病虫害传入危害的措施。

④保护成员方人的生命免受食品和饮料中的添加剂、污染物、毒素及外来动植物病虫害传入危害的措施。

⑤与上述措施有关的所有法律、法规、要求和程序,特别包括:最终产品标准,检测、检验、出证和审批批准程序,有关统计方法、抽样程序风险评估方法的规定,以及与食品安全直接有关的包装和标签要求。就适用范围而言,《SPS 协定》涉及动物卫生、植物卫生和食品安全工作。

(2)《SPS 协定》的主要内容

各成员在制定 SPS 措施时,要考虑有科学依据;要采用风险评估技术;要接受病虫害非疫区和低度流行区概念;要制定适当的保护水平等。《SPS 协定》制定的思路是,通过制定 SPS 措施应遵循的基本原则,规范各成员执行 SPS 措施的行为,达到既保护人类、动物和植物的健康又促进国际贸易发展的目的。

①科学依据。

各成员应确保任何卫生与植物卫生措施的实施都以科学原理为依据;没有充分科学依据的卫生与植物卫生措施则不再实施;在科学依据不充分的情况下,可临时采取某种 SPS 措施,但应在合理的期限内做出评价。科学依据包括有害生物的非疫区,有害生物的风险分析(Pest Risk Analysis,PRA),检验、抽样和测试方法,有关工序和生产方法,有关生态和环境条件,有害生物传入、定居或传播条件等。

②国际标准。

国际标准指三大国际组织(国际标准化组织、国际电工委员会、国际电信联盟)制定的国际标准准则和建议。强调各成员的卫生与植物卫生措施应以国际标准、准则和建议为依据;符合国际标准、准则和建议的 SPS 措施视为是保护人类、动物和植物的生命和健康所必需的措施;可以实施和维持比现有国际标准、准则和建议高的标准,但需要有科学依据。实施没有国际标准、准则和建议的 SPS 措施时,或实施的 SPS 措施与国际标准、准则和建议的内容实质上不一致时,如限制或潜在地限制了出口国的产品进口,进口国则要向出口国做出合理解释,并及早发出通知。

③等同对待。

如果出口成员对出口产品所采取的 SPS 措施,客观上达到了进口成员适当的卫生与植物卫生保护水平,进口成员就应当接受这种 SPS 措施,哪怕这种措施不同于自己所采取的措施,或不同于从事同一产品贸易的其他成员所采用的措施;可根据等同性的原则进行成员间的磋商并达成双边或多边协议。

④有害生物风险分析。

有害生物风险分析是进口成员的科学专家在进口前对进口产品可能带来的有害生物的定居、传播、危害和经济影响做出的科学理论报告。该报告将是一个成员决定是否进口某产品的科学基础,或叫决策依据。

⑤非疫区概念。

检疫性有害生物在一个地区没有发生就是非疫区。各成员应承认病虫害低度流行区和非疫区的概念。《SPS 协定》将非疫区定义为经主管当局认定,某种有害生物没有发生的地区,这可以是一个国家的全部或部分,或几个国家的全部或部分;出口成员声明其境内某些地区是非疫区时,应向进口成员提供必要的证据等。

⑥透明度原则。

A. 各成员应确保所有卫生与植物卫生措施法规及时公布。

除紧急情况外,各成员应允许在卫生与植物卫生措施法规公布和生效之间有合理的时间间隔,以便让出口成员,尤其是发展中国家成员的生产商有足够的时间调整其产品和生产方法,以适应进口成员的要求。

B. 通过 SPS 咨询点和通知机构实现透明。

各成员应确保设立一个咨询点,负责对感兴趣的成员提出的所有合理问题提供答复,并提供有关文件。同时,各成员应指定一个中央机构负责对实施缺乏国际标准、指南或建议,或者与国际标准、指南或建议有实质不同,并对其他成员的贸易有重大影响的 SPS 措施时应及早发出通知,通过 WTO 秘书处对拟议的法规做出目的和理由说明。

⑦SPS 措施委员会为磋商提供一个经常性的场所。

SPS 措施委员会的职能是：执行《SPS 协定》的各项规定，推动协调一致的目标实现；鼓励成员对特定的 SPS 措施问题进行不定期的磋商或谈判；鼓励所有成员采用国际标准、准则和建议，并制定程序监督国际协调的进程，国际标准、准则和建议的采用；应与国际食品法典委员会、国际兽疫局和国际植物保护公约秘书处保持密切联系；拟定一份对贸易有重大影响的卫生与植物卫生措施方面的国际标准、准则和建议清单。

《SPS 协定》除以上主要内容外，还有诸如争端解决、优待发展中国家、技术援助、非歧视及控制、检验和批准程序等内容。

（3）我国的动植物检验检疫与 WTO/SPS 协定

我国进入世贸组织后，检验检疫部门肩负把关与服务的双重职责。把关是指要把好国门之关，拒疫情于国门之外，要防止外国农产品对我国农产品市场的冲击；服务是指利用检验检疫技术手段，打破国外技术壁垒和不合理的检疫要求，为国内农产品的出口铺平道路。

中国检验检疫把关与服务的主要依据就是 WTO/SPS 协定。

截止到 2011 年 9 月 30 日，美国已经在国际贸易中使用 SPS 措施 2192 项来调整其对外贸易，巴西 775 项，加拿大 567 项，中国 592 项。肩负重任的中国检验检疫部门，已经充分利用《SPS 协定》赋予的权利，严防境外有害生物的传入，保护了我国人民与动植物的健康。

首先，利用《SPS 拟定》的基本原则，有针对性地开展工作，保证工作不违反 SPS 原则是当前的首要任务。依据或参考现有的国际标准，制（修）订我国的动植物检验检疫措施与标准，并对现行 500 多件检验检疫规章进行清理，废除部分规章，进一步完善我国符合《SPS 协定》的动植物检验检疫规章制度和标准体系的建设。确立动植物检验检疫风险管理的基本工作思路，改变长期以来采用的零风险管理模式，保证所采用的 SPS 措施建立在风险评估的基础上，做好进口小麦、水果等农产品的解禁工作，履行缔约方义务。与此同时，加强科学论证，实事求是地与一些禁止我国农产品的国家，如日本、美国、加拿大、新西兰等国开展双边磋商，解除其对我国农产品出口的检疫限制，使我国的哈密瓜、荔枝、盆景、鸵鸟、种猪、小公牛等进入上述以往受限的市场，并利用强制性技术标准，有条件地限制国外某些农产品对国内市场的冲击，保护国内市场。着手建立和规范动植物疫情区域化确认工作，根据《SPS 协定》有关区域化的原则，会同农业农村部、国家林业和草原局等部门研究制定我国关注的国际动植物病虫害疫区区域化原则和国内相关疫区、非疫区管理办法，以促进我国农产品在有害生物控制水平现状下的出口及安全进程。另外，还要加强动植物检验检疫处理技术和方法的研究，实现既促进进出口贸易发展，又确保安全、环保的可持续发展的双重目标。

其次，需要国家增加投入，进一步提高国内动植物检验检疫水平。不断完善国家相关法律、法规、规章和标准体系，对内对外采取相同的动植物检验检疫管制措施，高质量按时完成现行动植物检验检疫法规、规章的对外通报，让全社会了解，并让其他国家掌握。继续做好双边动植物检疫协定、议定书的签署、整理和印发工作。对今后动植物检验检疫法规、规章及相关措施的起草、制定与发布，要按照《SPS 协定》确定的通报程序，提前通知 WTO

成员,并征求国内外相关部门、产业界的意见。

最后,我国应该从被动适应到主动使用《SPS协定》的规则,保护国内农、林、牧、渔业生产安全,促进国内产业发展。针对国际疫情多发态势,检验检疫部门建立了积极主动、科学有效的预警机制。加强对生物风险分析的研究,适时调整入境检验检疫要求,限制国外高风险动植物及其产品的入境,使其真正成为检验检疫决策的重要工具。加强并规范进境动植物检验检疫审批工作,严格限制从疫区进口动植物及其产品。加强产地预检、监装和疫情调查,在将不合格的动植物及其产品拒之国门之外的同时,减少进口企业的不必要损失。加大农产品入境的检验检疫力度,提高疫情检出率,发现问题,依法采取严格的退货或销毁处理措施。必要时暂停有关国家、地区或厂家生产的动植物及其产品进口。根据疫情动态,适时制定或调整口岸检验检疫策略与工作重点。

应用《SPS协定》有关规则,打破国外动植物检验检疫壁垒,促进农产品出口。积极配合国内农、林、牧、渔业生产结构调整规划,重点加强我国产品的出口检验检疫工作,增加出口创汇能力。

4.《技术性贸易壁垒协定》(TBT)

TBT是《世界贸易组织技术性贸易壁垒协定》(Agreement on Technical Barrier to Trade of the World Trade Organization)的英文缩写,《技术性贸易壁垒协定》由15条和3个附件组成,对各成员方在国际贸易中制定、采用和实施的技术法规、标准及合格评定程序等做出了明确的规定。

《TBT协定》是非关税壁垒的主要表现形式,它以技术为支撑条件,即商品进口方在实施贸易进口管制时,通过颁布法律、法令、条例、规定,建立技术标准、认证制度、卫生检验检疫制度、食品标准与法律法规制度,检验程序,以及包装、规格标签标准等,提高对进口产品的技术要求,增加进口难度,最终达到保障国家安全、保护消费者利益和保持国际收支平衡的目的。

《TBT协定》的宗旨、主要原则及主要表现形式如下所述。

(1)宗旨

为防止和消除国际贸易中的技术性贸易壁垒,避免各成员的技术法规、标准及合格评定活动给国际贸易带来不必要的障碍,使国际贸易自由化和便利化,在技术法规、标准、合格评定程序及标签、标志制度等技术要求方面,以国际标准为基础开展国际协调,遏制以带有歧视性的技术要求为主要表现形式的贸易保护主义,最大限度地减少和消除国际贸易中的技术壁垒,为世界经济全球化服务。

(2)主要原则

最少贸易限制原则、非歧视原则、协调性原则、等效和相互承认原则、透明度原则、对发展中国家实行差别和优惠待遇原则等。

(3)主要表现形式

概括起来有技术法规、标准、合格评定程序,以及利用工业产权、知识产权形成技术保护、其他形式的技术壁垒。如近年来发达国家利用环境标准、生态保护法规等设置的绿色壁垒等。

5.我国现行标准与 WTO/TBT 有关规定存在的主要问题

我国长期以来处于计划经济,所以在我国的现行标准中,大多还是属于生产型标准,随着经济体制向社会主义市场经济的转变,生产型标准已日趋显示出它的不适应性,企业按这些标准组织生产的产品,往往难以满足频繁更新和瞬息多变的市场需求。随着我国加入WTO,企业生产的产品应该是满足国际市场需要的商品,即"用来交换,能满足用户或消费者需要的劳动产品"。因此,以适应满足市场或顾客需要为宗旨的贸易型标准应运而生。《TBT 协定》也明确规定,各成员"均应按产品使用性能而不是按设计或叙述的特点来制定产品标准",并且还规定标准化机构应保证制定、通过和执行标准的"目的和效果不应给世界贸易造成不必要的障碍"。

对照 WTO/TBT,我国食品行业企业标准主要存在的问题有以下几个方面:

①很多企业已通过质量体系 ISO 9000 认证,但未与企业标准化体系紧密结合。

②产品标准(国家标准和行业标准)的标龄较长,显示的是静态标准。

③生产型的产品标准居多。

④标准化的工作重点仅局限在标准的制订,缺乏对标准实施的工作管理。

⑤企业缺乏标准信息收集、传递能力,只有个别企业建立了标准信息网络。

⑥标准的内容具有滞后性,缺乏超前性。

⑦环境及其保护未纳入标准化工作的范畴。

⑧采用国际标准比例小,按国际标准组织生产较少,而文本采用较多。

(八) 国际乳品联合会(IDF)

国际乳品联合会(International Dairy Federation,IDF)是由国际乳品业创办,为乳品业提供服务的论坛和信息服务中心,是一个独立的、非政治性的、非营利的民间国际组织,也是乳品业唯一的世界性组织,于 1903 年成立于比利时布鲁塞尔。其宗旨是通过国际合作促进乳品科学、技术和经济问题的解决;制定牛奶、奶制品(成分、采样和分析)、乳畜饲养业、工厂设备及杀菌剂等标准。

1.国际乳品联合会成员

IDF 在全球有 43 个成员,每个成员都设有国家委员会,代表本成员的乳品业开展广泛的乳品业活动,诸如乳畜饲养、乳品加工、贸易、技术、食品科学、营养和健康、法规、分析方法和采样等。

国际乳品联合会成员包括:

①全权成员——有表决权。

②参加成员——没有表决权,可参加国际乳品联合会的部分活动。

③荣誉成员——由国际乳品联合会提名对联合会有突出贡献的人,该类成员可向联合会提出建议。

国际乳品联合会与成员之间的联系有以下几种方式:一是国际乳品联合会成员国家委员会负责与国际乳品联合会之间的信息交换工作,从而使成员的乳品业获得最大利益;二是国际乳品联合会成员可以参加国际乳品联合会年会和其他会议,以及获得国际乳品联合会出版物,通过本国国家委员会或国际乳品联合会秘书处订购其出版物;三是通过国际乳品联合会、专家网络、秘书处和其成员关心的问题进行有关的接触,并对广泛的问题提出解决的建议。

2.国际乳品联合会的组织机构

国际乳品联合会的最高权力机构是理事会,下设管理委员会、学术委员会和秘书处。理事会由成员代表组成,负责制定和修改联合会章程,选举联合会主席和副主席,选举管理委员会和学术委员会主席,批准年度经费预算和新会员国入会等。理事会每年至少举行一次会议。

管理委员会即常务理事会,由选举产生的 5~6 名委员组成,负责主持联合会的日常工作。

学术委员会负责协调和组织下设的 6 个专业技术委员会的工作。各专业技术委员会通过组织专家组,解决各自领域内的具体问题,6 个专业技术委员会各负责一个特定领域的工作。

秘书处负责处理联合会的日常事务工作。

3.国际乳品联合会对乳品业的贡献

①通过提供乳品方面的科学和技术建议支持其他国际组织的工作等主要活动。

②提供科学、技术的援助和建议。

③确定乳品业专家,帮助解决问题。

④针对乳品业相关的所有问题提供信息和服务。

⑤通过改进乳品业的形象,提高乳品业的竞争能力。

⑥在有关贸易、食品标准、风险管理等的决议中代表乳品业的利益。

国际乳品联合会每 4 年召开 1 次国际乳制品代表大会,每年召开 1 次年会。大会期间,通过举办各种专题研讨会、报告会和书面报告的形式,为世界乳品行业提供技术变流、信息沟通的场所和机会。年会期间 6 个专业技术委员会分别开会,由专家组报告工作情况,并做出相应的决议。除大会和年会外,各专业技术委员会经常举办一些研讨会、技术报告会和专题报告会,就乳品行业普遍关心的技术、经济、政策等方面的问题,进行交流和探讨。

另外,协调各国乳品行业之间,以及乳品行业与其他国际组织之间的关系,这也是国际乳品联合会的主要工作之一。

4.国际乳品联合会标准的制定

国际乳品联合会直接参与 ISO 和 CAC 国际标准的制定工作,国际乳品联合会标准是 ISO 和 CAC 制定有关乳品标准的重要依据。国际乳品联合会标准包含产品标准、乳品设备及综合性标准等。国际乳品联合会已发行标准200余个,其中大多数为分析方法标准,少数为产品标准、乳品设备及综合性标准,有140余个标准是与ISO共同发布的。

(九)国际谷物科技协会(ICC)

1955年建立的国际谷物科技协会(International Association for Ceveal Science and Technology,ICC)是一个独立的、国际认可的专家组织,它为所有谷物科学家与技术专家搭建了一个成熟的论坛,是国际标准方案的发行人,国内外重大事件的组织者。它作为科学技术研究与实践的桥梁,在全球性、地域性和国家性的水平上为推动国际合作起了不可或缺的作用。

国际谷物科技协会的首要目标是促进国际性标准和可接受的谷物粮食生产测试程序的发展。如今,国际谷物科技协会是致力于国际合作及先进科学知识普及的国际最重要的组织之一。它在奥地利和澳大利亚分别设有总部和秘书处。目前已有50多个国家在国际谷物科技协会内有代理。

国际谷物科技协会以谷物科学技术发展为目标,对所有国家、公司、组织提供成员资格,为对话建立论坛,并通过提供国际性的批准和接纳测试程序来加强国内外贸易。它的最终目标是吸收所有国家作为成员,与谷物科学及其相关领域内的所有组织合作,通过社团资格与所有相关公司和组织保持联系,吸引所有谷物科学家及技术专家与国际谷物科技协会合作。

三、部分国家食品法律法规

(一)美国食品相关法律法规

美国是一个十分重视食品安全的国家,它的农产品、食品供给体系是世界上最安全的体系之一,有关食品安全的法律法规非常多,如《联邦食品、药物和化妆品法》《公平包装和标签法》《营养标签及教育法》《食品质量保护法》和《公共卫生服务法》等综合性法规。这些法律法规覆盖了所有食品,为食品安全制定了非常具体的标准及监管程序。

1.美国的食品安全组织管理体系

美国历来重视食品安全工作,建立了由总统食品安全顾问委员会综合协调,卫生部、农业部、环境保护署等多个部门具体负责的综合性食品监管体系。1997年6月,美国的政府官员和各界代表在华盛顿召开了第1次全国食品安全工作会议,并启动了一项食品安全计划。1998年8月,总统签署行政命令,成立总统食品安全顾问委员会,负责建立国家食品安全计划和战略、指导政府部门优先投资重要食品安全领域和食品安全研究所的工作,并协调全国食品安全检查措施。

美国食品药品监督管理局(Food and Drug Adminstration,FDA)、农业部(United States Department of Agriculture,USDA)和环境保护署(Environmental Protection Agency,EPA)等分工负责相关食品的安全,并制定有关法规和标准。美国还建有既相互独立、又相互合作的联邦、州和地方政府食品安全监督管理网。联邦政府不依赖各州政府,他们在全美国设立多个检验中心或实验室,并向全国各地派驻大量的调查员。但在一些具体问题上,联邦政府与部分州政府签订协议,授权当地一些检验机构按照联邦政府的方法检验食品。

联邦政府所有具有食品质量安全监督职能的机构都没有促进贸易的职能,从而保证食品质量安全监督免受地方和部门经济利益的影响和干扰。

2.美国的食品安全法律体系

1906 年,美国颁布了第一部有关食品和药品的法律《食品药品法令》,此法令的颁布对美国的食品、药品和化妆品产生了重大和深远的影响。美国关于食品的法律法规包括两个方面的内容:一是议会通过的法案,称为法令,如《美国法典》中有关食品和药品的法律,包括《行政管理程序法令》《联邦咨询委员会法令》和《新闻自由法令》等;二是由权力机构根据议会的授权制定的具有法律效力的规则和命令,包括《联邦食品、药物和化妆品法》《联邦肉类检验法》《禽类产品检验法》《蛋产品检验法》《食品质量保护法》《公共卫生服务法》以及《2002 年公共卫生安全与生物恐怖防范应对法》等。

美国食品安全法律法规的制订与修订是采用向公众公开、透明的方式,并且鼓励被管理的行业、消费者和其他利益相关者参与到规章的制订和颁布的过程中。当遇到特别难解的问题,需要向管理机构以外的专家进行咨询时,管理机构可以选择召开公开会议或召开咨询委员会会议。

3.美国主要的食品安全管理机构

(1)卫生部食品药品监督管理局(FDA)

卫生部食品药品监督管理局是一个由医生、律师、微生物学家和统计学家等专业人士组成的,致力于保护、促进和提高美国国民健康的政府卫生管制机构,它是专门从事食品与药品管理的最高执法机关,对于确保美国社会上所有的食品、药品、化妆品和医疗器具对人体的安全具有重要作用。FDA 在国际上被公认为是世界上最大的食品与药品管理机构之一,它每年所管理产品的价值,相当于美国年消费总额的 1/4。FDA 的管辖范围包括所有美国国产食品、进口食品(但不包括肉类和禽类)、瓶装水、酒精含量小于 7% 的葡萄酒。FDA 的主要评估机构有:食品安全和应用营养中心、药品评估和研究中心、设备安全和放射线健康保护中心、生物制品评估和研究中心,以及兽用药品中心。其中食品安全和应用营养中心是 FDA 工作量最大的部门。FDA 实施的主要法规有:《联邦食品、药物和化妆品法》《公平包装和标签法》《营养标签与教育法》《膳食补充剂健康和教育法》《公共卫生服务法》和《2002 年公共卫生安全与生物恐怖防范应对法》。

FDA 的食品安全职责包括以下几个方面:

①监测作为食品生产动物饲料的安全性。

②收集食品样品,检验分析食品加工厂、食品仓库,样品的物理、化学和微生物的污染。

③产品上市销售前,负责综述和验证食品添加剂、色素添加剂的安全性。

④综述和验证兽药对所用动物的安全性及对食用该动物食品的人的安全性。

⑤执行食品安全法律,管理除肉禽类以外的国内食品和进口食品。

⑥制定美国的《食品法典》、条令、指南和说明,并与各州合作,运用这些法典、条令、指南和说明管理牛奶、贝类和零售食品,以及餐馆和杂货商店等。

⑦以现代《食品法典》为指南,指导零售商、护理院及其他机构预防食源性疾病。

⑧对食品行业进行食品安全处理规程的培训。

⑨大力进行同外国政府的合作,确保进口食品的安全。

⑩要求加工商召回不安全的食品,监测其具体行动的进行,并采取相应的行动。

FDA 在制定食品安全法规方面充分体现了"预防在先"的原则。1995 年 12 月 18 日,FDA 基于 HACCP(Hazard Analysis Critical Control Point,危害分析与关键控制点)颁布了强制性的水产品 HACCP 法规,并在 1997 年 12 月 18 日规定所有对美出口的水产品企业都必须建立 HACCP 体系,否则其产品不得进入美国市场。2001 年 1 月,FDA 颁布了对果汁饮料行业的 HACCP 强制性法规。2002 年 1 月 22 日,FDA 规定所有果汁饮料行业的大中型企业必须实行 HACCP 体系;2003 年 1 月 21 日,FDA 规定小型果汁饮料企业必须实施 HACCP 体系;2004 年 1 月 20 日,FDA 规定非常小型的果汁饮料企业也必须实施 HACCP 体系。

1998 年,USDA 颁布了畜禽肉的 HACCP 体系;1999 年 1 月,USDA 规定绝大多数肉类和家禽企业必须建立 HACCP 体系;2000 年 1 月,USDA 规定极小型肉类和家禽企业必须建立 HACCP 体系。

(2)农业部食品安全检验局(FSIS)和动植物卫生检验局(APHIS)

食品安全检验局(The Food Safety and Ispection Service,FSIS)的管辖范围是国内和进口的肉禽以及相关产品,如含肉禽的食品、比萨饼、冷冻食品、加工的蛋制品。其食品安全职责包括以下几个方面:

①检验肉禽屠宰厂和加工厂。

②建立食品添加剂和食品其他配料使用的生产标准。

③执行食品安全法律,管理国内和进口肉禽品。

④收集和分析食品样品,进行微生物和化学传染物的毒素监测和检验。

⑤对用作食品的动物在屠宰前和屠宰后进行检验。

⑥建立工厂卫生标准,确保所有进口到美国的国外肉禽加工符合美国标准。

⑦要求肉禽类加工者对其加工的不安全产品自愿召回。

⑧资助肉禽类加工食品安全的研究。

动植物卫生检验局(Animal and Plant Health Inspection Service,APHIS)的工作以动植物健康为中心,也涉及动物福利、生物技术、野生动物损害管理和全球贸易。在食品安全体系中的主要职责是保护动物生长、抵制病虫害、防止有害生物危害和发生疾病。

(3)环境保护署(EPA)

环境保护署的任务是负责保护公众的健康和环境不受农药的危害,完善对有害生物的管理方式,改进安全性。其管辖范围包括饮用水、食用植物、海产品、肉禽类制造食品。其食品安全职责包括以下几个方面:

①建立安全饮用水标准。

②管理有毒物质和废物,预防其进入环境和食物链。

③帮助各州检测饮用水的质量,探测预防饮用水污染的途径。

④测定新的杀虫剂的安全性,建立杀虫剂在食品中残留的限量水平,发布杀虫剂安全使用指南。

⑤制定农药、环境化学物的残留限量和有关法规。

(4)疾病预防和控制中心(CDC)

疾病预防和控制中心(Centers for Disease Control and Prevention,CDC)管辖范围为所有食品。其食品安全职责包括以下方面:

①调查食源性疾病的暴发。

②开展研究并有效预防食源性疾病。

③采取快速行动,运用电子系统尽可能早地报道食源性感染情况。

④与其他机构合作,监测食源性疾病暴发的速率和趋势。

⑤开发快速检验病原菌的技术,制定公众健康方针,预防食源性疾病。

⑥维护食源性疾病调查的体系。

⑦为地方和各州培训食品安全人员。

(5)商业渔业部

该部的管辖范围为鱼类和海产品。其食品安全职责是按照联邦卫生标准,通过海产品检验计划,对运载渔船、海产品加工工厂、零售点进行检验和颁发证书。

(6)农业部联合研究教育服务局

该局的管辖范围为所有美国国产食品和一些进口产品。其食品安全职责是与美国各大学、学院合作,对农业主和消费者就有关食品安全实施研究和教育计划。

(7)国家农业图书馆食源性疾病教育信息中心

该中心的管辖范围为所有食品。其食品安全职责是维护有关预防食源性疾病资料的数据库,帮助教育者、从事食品行业的培训人员、消费者得到有关食源性疾病的资料。

(8)国立卫生研究院

该院管辖范围为所有食品。其食品安全职责是进行食品安全研究。

(9)海关服务局

该局的管辖范围为所有食品。其食品安全职责是与联邦管理机构合作,以确保所有进出口食品符合美国的法律法规。

(10)经济作物部酒精、烟草局

该局的管辖范围为酒精饮料(除了酒精含量在7%以下的饮料)。其食品安全职责是执行食品安全法律,管理酒精饮料的生产和配送,调查假冒酒精产品的案件。

4.美国主要的食品法律法规

美国有关食品安全的主要法律包括:《联邦食品、药物和化妆品法》(Federal Food,Drug

and Cosmetic Act,FFDCA)《联邦肉类检验法》(Federal Meat Inspection Act,FMIA)《禽肉产品检验法》《蛋产品检验法》《食品质量保护法》和《公平包装与标签法》。

(1)《联邦食品、药物和化妆品法》(FFDCA)

1938年出台的《联邦食品、药物和化妆品法》是美国食品安全方面最主要的法律之一。1906年,美国颁布的第一部《食品药品法令》主要为了禁止在食品中添加有毒有害物质,但概念不明确。FFDCA规定,只要是在不卫生条件下制作、包装食品,那么不管有没有污染发生,都被视为伪劣品,这就对加工业提出了"生产质量管理规范"要求。

1958年该法进行了大的修改,主要包括两个方面:一是关于食品添加剂,要求生产商使用食品添加剂要在"相当程度上"保证对人体无害(这一要求曾一度上升为确保"零风险"),凡是人或动物食用后会导致癌症,或经食品安全性测试后被证明为致癌的食品添加剂都不能使用;二是增加了德兰尼条款(Delaney clause),赋予EPA制定农药最高限量的权力,即要求所有在食用农作物上使用的农药都必须符合EPA认定颁发的使用限量规定。

关于"零风险"的概念是否符合实际一直争论不休。1987年,国家科学研究委员会(National Research Council,NRC)在一份研究报告中认为应该用"可忽略风险"取代"零风险"的概念。1988年10月,EPA宣布了所谓"可忽略风险"的标准,即在100万活过70岁的人群中因食用添加剂而致癌的人数为1个,但这一观点没有被广泛接受。1990年,布什政府曾接受NRC的建议提出修改FFDCA,用可忽略风险标准代替德兰尼条款所谓的零风险标准,但国会未予采纳。1994年,克林顿政府提议将德兰尼条款中关于残留的限制标准扩大到原始农产品,还要求对成人和儿童设定不同的残留标准。新标准的制定应不考虑农药产业的效益,而只考虑是否对人体健康有风险。这一提案意味着对农药登记注册提出更为严格的要求。2011年4月,美国FDA发布了一份有关药品安全性的新指南,为药物上市后的安全性监察和研究提供了可循的规章和依据。

(2)《联邦肉类检验法》(FMIA)

《联邦肉类检验法》是最早的肉类检验法,1906年出台。该法要求对所有跨州的肉类进行检验,包括对加工、包装设备和设施的检验。1967年修改了《联邦肉类检验法》,形成了《健康肉类法》;1986年又增加了《健康禽产品法》。形成了美国目前对肉类的全面监管。这两个法案将检验范围扩大到州内交易和所有畜禽产品,要求农业部的食品安全检验局和农业市场服务局对屠宰场、肉禽加工厂、蛋类包装和加工厂实施检验。对屠宰场的检验必须是不间断的,联邦检验员要始终在现场。类似的法规还有《禽类产品检验法》《蛋产品检验法》《联邦进口牛奶法》等。

(3)《营养标签与教育法》

1966年颁布的《公平包装和标签法》要求食品有统一格式的标签。1990年出台的《营养标签与教育法》,对食品标签方面的有关规定进行了彻底的修改,对标签中营养作用的表示作了更为严格的要求。1994年,农业部对原始产品和肉、禽半成品的标签做出了新的规定。传统的食品标签是针对消费者营养信息需求而制定的,新的食品标签法案则要求标签中提供尽可能多的与质量和安全有关的信息,如是否采用辐射处理等。

(4)《食品质量保护法》(FQPA)

《食品质量保护法》(the Food Quality Protection Act,FQPA)1996 年 8 月生效,要求 EPA 立即采用新的、更加科学的方法检测食品中的化学物质残留。从美国的法规制定和变迁可以看出,在食品安全法规的制定中比较重视科学依据,并且法规的制定过程是透明的,公众可以广泛参与。

(5)《食品安全增强法》

1997 年发布的《食品安全增强法》赋予 FDA 召回被确认为有害食品的权力。而在此之前,FDA 无权召回。只能要求企业自觉收回,或公众"曝光"。

(6)《植物检疫法》

1912 年,美国生效了第一部《植物检疫法》,1917 年又发布了补充法令,授权农业部长制定美国国内植物检疫法,1957 年再一次制定颁发了《联邦植物保护法》,由此构成了美国植物检疫法规的 3 个骨干法案,以后不断制定了许多诸如《墨西哥边境管理法》《海外领地检疫法》等检疫法规及补充案和修正案,立法严密,不断完善,成为世界上综合性植物检疫法规的典范。

(7)《FDA 食品安全现代化法》

2011 年 1 月 4 日,《FDA 食品安全现代化法》被总统签署为美国第 111 届国会第 353 号法律,并付诸实施。该法对 1938 年通过的《联邦食品、药品及化妆品法》进行了大规模修订,是美国食品安全监管体系 70 多年来改革力度最大的一次调整和变革,标志着美国的食品安全监管体系从过去单纯依靠检验为主过渡到以预防为主。该法的实施扩大了 FDA 的权力和职责,也势必增加食品生产企业的成本和承担的责任,加大了输美食品的阻力。

该法包括四部分内容:

①提高防御食品安全问题的能力。

②提高检测和应对食品安全问题的能力。

③提高进出口的安全性。

④其他相关规定。

除非另有说明,此法中所有针对某部分或条款进行的修订,均需参考《联邦食品、药物和化妆品法》所对应的条款。

(8)其他相关的法规

①《美国肉禽屠宰加工厂(场)食品安全管理新法规》。

1996 年颁布,要求企业同时建立以 HACCP 为基础的加工控制系统与微生物检测规范、致病菌减少操作规范及卫生标准操作规范等法规的有效组合应用,以减少肉禽产品致病菌的污染,预防食品中毒事件。新法规强调预防为主,实行生产全过程的监控。这是对美国使用了近百年之久的以感官检测加终端产品检测为手段的旧的食品安全管理体系的全面改革。

②《公共卫生安全与生物恐怖防范应对法》。

2002年6月,美国FDA出台该法,要求从2003年12月12日开始,美国国内和外国从事食品生产、加工、包装储藏,供美国居民及动物消费的食品的各类企业必须向FDA办理登记注册手续。否则,其产品将遭美国海关扣留,该企业也可能面临其他严重后果。

③《联邦杀虫剂、杀菌剂和杀鼠剂法》。

除了FFDCA中的408和409部分,《联邦杀虫剂、杀菌剂和杀鼠剂法》(Federal Insecticide,Fungicide and Rodenticide Act,FIFRA)是关于农药方面的主要联邦法律。该法生效于1947年,在1972年、1975年、1978年、1988年作了修订。1972年的修订案要求农药使用对人和环境的影响必须是“可接受的”。一种农药在不同作物上使用必须分别进行登记注册。产品标签中需要说明批准的用量、安全使用注意事项。高毒农药还要求必须是有资质的人员才能使用。1972年修订案要求对市场上流通的约40000种农药进行登记。但EPA无法完成任务,因此,1978年的修订案中只要求对约600种农药中使用的活性成分进行注册。

1988年的修订案要求EPA在1997年之前,对所有在1984年前注册的农药进行重新注册,费用由生产商承担。但这一工作进展十分缓慢,主要原因是成本高,风险和收益分析非常复杂,而且这些评估必须由EPA来做。1990年,布什政府提议简化注册程序,建立定期评估制度。克林顿政府也提议对所有农药进行定期评估,对毒性低、用量小的农药可简化手续;对生物类农药,可以在完成所有测试前,给予有条件的注册。1996年8月生效的《食品质量保护法》要求EPA立即采用新的、更加科学的方法检测食品中的化学物质残留。

(二)欧盟食品相关法律法规

欧盟具有较完善的食品安全法律体系,涵盖了“从农田到餐桌”的整个食物链。欧盟关于食品质量安全的法律法规有20多部,具体包括《通用食品法》《食品卫生法》《动物饲料法规》及《添加剂、调料、包装和放射性食物的法规》等。还有一系列的食品安全规范要求,主要包括:动植物疾病控制规定;农药、兽药残留量控制规范;食品生产、投放市场的卫生规定;对检验实施控制的规定;出口国官方兽医证书的规定等。

欧盟的食品安全监管实行欧盟和各成员国的两级监控制度。欧盟的执行机构是食品和兽医办公室,负责监督各成员国执行欧盟立法的情况和第三国进口到欧盟的食品安全情况。

尽管欧洲共同体自成立起就一直关注食品安全,但是,近年来,食品危害事件仍不时发生,特别是疯牛病事件严重地影响了欧盟消费者的信心,20世纪90年代的欧洲食品质量安全制度已不再能满足社会的安全需要。为了确保食品质量安全,恢复消费者的信心,欧盟加强了对食品安全的管理。目前欧盟已经建立了一个较完善的食品安全法律体系,形成了以“欧盟食品安全白皮书”为核心的各种法律、法令、指令等并存的食品安全法律体系新框架。到目前为止,欧盟已经制定了13类173个有关食品安全的法规标准,其中包括31个法令、128个指令和14个决定,其法律法规的数量和内容仍在不断增加和完善中。在欧盟食品安全的法律框架下,各成员国如英国、德国、荷兰、丹麦等也形成了一套各自的法规框架,这些法规并不一定与欧盟的法规完全吻合,主要是针对成员国的实际情况制定的。2000年,欧盟公布了《欧盟食品安全白皮书》,并于2002年1月28日正式成立了欧洲食品安全局(European Food Safety Authority, EFSA),同时颁布了第178/2002号指令,规定了食品安全法规的基本原则和要求,以及与食品安全有关的事项和程序。欧洲食品安全局由管理委员会、行政主任、咨询论坛、科学委员会和8个专门科学小组组成。依据独立性、科学性、透明性原则,该权威机构的特点是:以最先进的科学为指导,独立于工业和政治利益。

《欧盟食品安全白皮书》长达52页,包括执行摘要和9章的内容,用116项条款对食品安全问题进行了详细阐述,制定了一套连贯和透明的法规,提高了欧盟食品安全科学咨询体系的能力。白皮书提出了一项根本改革,就是食品法以控制"从农田到餐桌"全过程为基础,包括普通动物饲养、动物健康与保健、污染物和农药贱留、新型食品、添加剂、香精、包装、辐射、饲料生产、农场主和食品生产者的责任,以及各种农田控制措施等。

其他欧盟食品安全法律法规中主要包括《通用食品法》《食品卫生法》《添加剂、调料、包装和放射性食物的法规》等,另外还有一些由欧洲议会、欧盟理事会、欧盟委员会单独或共同批准,在《官方公报》公告的一系列 EC(European Commission)、EEC(European Economic Community)指令等。

近年来,欧盟不断改进立法和开展相关行动,尤其自2000年以来,欧盟对食品安全条例进行了大量修订和更新。以食品卫生法规为例,欧盟出台了许多理事会指令,这些指令又经过了数次修订,修订的主要依据是"从农田到餐桌"的综合治理、GMP和HACCP原则等。新食品卫生法规在四方面发生重大变化:一是法规数量被大大简化,新法规将不再把食品安全和贸易混为一谈,只关注食品安全、动物健康与动物福利问题;二是突出强调了食品"从农田到餐桌"的全过程控制管理,强调了食品生产者在保证食品安全中的重要职责,对食品从原料到成品储存、运输及销售等环节提出了具体明确的要求,要杜绝食品生产过程中可能产生的任何污染,更加强调食品安全的零风险;三是突出了食品生产过程中的可追溯管理与食品的可追溯性,强调食品尤其是动物源性食品的身份鉴定标识与健康标识;四是强调了官方监管部门在保证食品安全中的重要职责,官方监管控制工作涉及保护公众健康的所有方面,包括保护动物的健康和福利方面。这将意味着今后向欧盟出口的农产品,不但要符合欧盟食品安全相关标准,还要放大延伸食品安全管理链条,对我国官方监管工作与出口生产企业提出了更高的要求。

近几年来,欧盟在食品安全方面主要采取了以下措施:成立欧洲食品安全局,对食品生产的各个环节加强监管;进行食品安全立法,加强食品安全管理;加强对食品安全的监控;建立快速警报系统及其他措施,快速应对食品危机事件。

欧盟在食品安全管理方面最主要的特点就是强调食品安全要"从农田到餐桌",从原料的生产到最后的消费。另外,随着欧洲一体化的深入和欧盟的东扩,欧盟食品安全政策会受到更严峻的挑战,欧盟也会进一步加强对食品安全的控制。

(三)德国食品安全监督机制

德国是欧盟重要成员国之一,在欧盟的法律框架内,德国政府致力于建立健全食品安全监督机制和快速预警机制,在"从农田到餐桌"的全过程食品监督中形成了"风险管理"为主,政府、企业、研究机构和公众共同参与的监管模式,较好地解决了食品质量安全问题。

在EFSA的架构内,德国于2001年将原食品、农业和林业部改组为消费者保护、食品和农业部,接管了卫生部的消费者保护和经济技术部的消费者政策制定职能,对全国食品安全统一监管,并于2002年设立了联邦消费者保护和食品安全局、联邦风险评估研究所两个专业机构。为了保证国家制定的法律法规得到贯彻执行,德国各州、大区、专区和城市政府都设立了负责食品安全的监管部门,形成了统一的监管体系。联邦消费者保护、食品和农业部的主要职责是制定政策,将欧盟的法规转化为德国法律,对各州进行监督协调。联邦消费者保护和食品安全局是专业监督执法部门,对联邦、各州执行政策法规进行协调、进行日常管理、风险危机处置并对保健品、化妆品及有关器具进行管理。联邦风险评估研究所对食品的安全、动物技术、植物基因进行检验评估,为食品安全提供咨询,不仅对食品本身,对与食品有关的材料、包装也进行风险评估。

(四)英国食品标准局

为强化监管职能,根据《食品标准法》,英国政府于1999年成立了食品标准局(Food Standards Agency,FSA)。该局不隶属于任何政府部门,是独立的食品监督机构,负责食品安全总体事务和制定各种标准,代表英王履行职能,并向议会报告工作。食品标准局的职能主要包括以下几个方面:

①制定政策,即制定或协助公共政策机关制定食品(饲料)政策。

②服务,即向公共当局及公众提供与食品(饲料)有关的建议、信息和协助。

③检查,即获取并审查与食品(饲料)有关的信息,可对食品和食品原料的生产、流通及饲料的生产、流通和使用的任何方面进行检测。

④监督,即对其他食品安全监管机关的执法活动进行监督、评估和检查。

食品标准局还设立了特别工作组,由该局首席执行官挂帅,加强对食品链的各环节监控。

食品标准局总部设在伦敦,但在苏格兰、威尔士和北爱尔兰都有办事处,各地区均有执行其决定的官员。食品标准局制定的法规和消费提示在世界范围内都有一定的影响。如2005年2月18日,英国食品标准局就食用含有添加可致癌物质苏丹红色素的食品向消费者发出警告并在其网站上公布了30家企业生产的可能含有苏丹红一号的359个品牌的食品,揭开了对苏丹红一号从生产、流通、使用各环节拉网式围剿行动的序幕。

(五)日本食品相关法律法规

1.日本的食品安全管理机制

日本负责食品安全的管理机构主要由三个隶属于中央政府的政府部门组成:厚生劳动省、农林水产省和食品安全委员会。

（1）厚生劳动省

日本于 2001 年 1 月重组各省的架构,将厚生省与劳动省合并为现在的厚生劳动省。在该省下,医药食品局,尤其该局辖下的食品安全部负责执行食品安全事宜。其主要业务内容包括以下几个方面:

①执行《食品卫生法》保护国民健康。

②根据食品安全委员会的评估鉴定结果,制定食品添加物及残留农药等的指标规格,执行对食品加工设施的卫生管理。

③监督并指导包括进口食品的食品流通过程的安全管理。

④听取国民对食品安全管理各项制度及其实施的意见,并促进和有关人士(消费者、生产者、专家学者)交换信息和意见。

食品安全部辖下负责食品事宜的各课列述如下:

①企划信息课。

负责一般统筹及风险传达的事宜。该课辖下的检疫所业务管理室负责处理所有检疫事务及检查进口食品。

②基准审查课。

负责制订食品、食品添加剂、残留农药、残留兽药、食品容器及标签的规格和标准。该课辖下的新开发食品保健对策室负责制订标签准则,以及处理基因改造食品的安全评估工作。

③监督安全课。

负责执行食品检查、健康风险管理、家禽及牲畜肉类的安全措施,以及环境污染的措施。该课辖下的输入安全对策室负责确保进口食品安全。

（2）农林水产省

农林水产省曾于 2001 年 1 月进行重组,以便有效实施《食品、农业、农村基本法》的措施。鉴于日本越来越依赖进口食品,而食品自给自足的比率也不断下降,为确保日本本国的食品供应稳定,农林水产省进行架构重组,以应付农业、林业及渔业在 21 世纪的改变。重组后的农林水产省设有综合食品局,负责食品政策和涉及维持食品供应稳定的事宜。该局促进本土生产的食品,同时确保进口粮食及储备稳定。该局也提供有关健康饮食的信息、制订有机食品及基因改造食品的标签制度、发展强大的食品业,以及推动国际合作。

（3）食品安全委员会

在 2003 年 5 月,日本制定全国的《食品安全基本法》,规定了食品安全委员会的职责及功能,该委员会其后在 2003 年 7 月 1 日正式成立。食品安全委员会是独立的组织,负责进行食物的风险评估,而厚生劳动省及农林水产省则负责风险管理工作。

食品安全委员会的主要职责是:

①进行科学化及独立的食品风险评估,以及向相关各省提供建议。

②向有关各方(即消费者及经营与食物有关业务的人士)传达食品风险的信息。

③就食物事故/紧急事故做出回应。

2.日本的食品安全法律体系

日本拥有较完善的食品安全法律体系。其中主要有《食品卫生法》和《食品安全基本法》。根据相关法律规定,分别由厚生劳动省与农林水产省承担食品卫生、安全方面的行政管理职能。其中,厚生劳动省负责稳定的食品供应和食品安全,农林水产省负责食品生产和质量保证。

(1)《食品卫生法》

日本食品安全管理的主要依据是《食品卫生法》,制定于1947年,后来根据需要经过几次修订,该法由36条条文组成。

该法有以下特点:

①该法涉及众多的对象。

②该法将权力授予厚生劳动省。

③该法赋予地方政府管理食品的重要作用,厚生劳动省与地方政府共同承担责任。

④该法是以HACCP为基础的一个全面的卫生控制系统。

(2)《食品安全基本法》

欧洲疯牛病事件之后,为了重新获得消费者的信心,日本政府修订了其基本的食品安全法律。日本参议院于2003年5月16日通过了《食品安全基本法》草案,该法为日本的食品安全行政制度提供了基本的原则和要素,又是以保护消费者和确保食品安全为目的的一部法律。

《食品安全基本法》为日本的食品安全行政制度提供了基本的原则和要素。要点如下:一是确保食品安全;二是地方政府和消费者共同参与;三是协调政策原则;四是建立食品安全委员会,负责进行风险评估,并向风险管理部门也就是厚生劳动省和农林水产省,提供科学建议。

除《食品卫生法》《食品安全基本法》外,与此相关的主要法规还有:《食品卫生法实施规则》《食品卫生法实施令》《产品责任法(PL法)》《植物检疫法》《计量法》等,与进出口食品有关的还有《输出入贸易法》《关税法》等。迄今为止,日本共颁布了食品安全相关法律法规共300多项。

(3)肯定列表制度

2003年5月,日本修订了《食品卫生法》。从2003年起,日本厚生劳动省根据修订后的《食品卫生法》,在3年内逐步建立了食品中农药、饲料及饲料添加剂残留的"肯定列表制度"。2005年11月,日本厚生劳动省在官方网站上发布公告,正式公布"肯定列表制度"的主要内容,并宣布于2006年5月29日起开始实施并执行新的农业化学品残留限量标准。此后,厚生劳动省又陆续发布了多项与"肯定列表制度"有关的规定、说明和通知,不断完善和补充这一农业化学品残留的管理体系。与日本过去的规定相比,新体系对食品中农业化学品残留限量的要求更加全面、系统和严格。

日本"肯定列表制度"涉及的农业化学品残留限量包括4个类型：

①"暂定标准"共涉及农药、兽药和饲料添加剂734种，农产品食品264种（类），暂定限量标准51392条。

②"沿用原限量标准而未重新制定暂定限量标准"共涉及农业化学品63种，农产品食品175种，残留限量标准2470条。

③"一律标准"是对未涵盖在上述标准中的所有其他农业化学品或其他农产品制定的一个统一限量标准或一律标准，即食品中农业化学品最大残留限量不得超过0.01毫克/千克。

④"豁免物质"共9类68种，其中杀虫剂和兽药13种、食品添加剂50种、其他物质5种。

此外，还有15种农业化学品不得在任何食品中检出；有8种农业化学品在部分食品中不得检出，涉及84种食品和166个限量标准。

"肯定列表制度"提出了食品中农业化学品残留管理的总原则，厚生劳动省根据该原则，采取了以下3个具体措施：

①确定"豁免物质"，即在常规条件下其在食品中的残留对人体健康无不良影响的农业化学品。对于这部分物质，无任何残留限量要求。

②针对具体农业化学品和具体食品制定的"最大残留限量标准"。

③对在豁免清单之外且无最大残留限量标准的农业化学品，制定"一律标准"。

思考题

1. 请简述世界卫生组织的主要目标和职能。
2. 请简述国际食品法典委员会的组织机制。
3. 请对比美国、欧盟和日本三个食品法律法规方面的主要区别和联系。

思政小课堂

项目四　标准与标准化

预期学习目标

1. 掌握标准和标准化相关定义和原则；
2. 熟悉标准化的方法原理；
3. 了解食品标准分类、标准体系及标准体系表相关内容。

一、相关案例导读

案例1：400亿辣条江湖背后的腥风血雨。2019年3·15晚会之后，辣条又成了宇宙中心的话题。很少人会意识到五毛一包的辣条市场在经历了野蛮生长之后，规模已经近400亿。搭乘着消费升级浪潮及部分辣条企业年轻化、时尚化的运作下，辣条摇身一变成为网红零食，并爆发出巨大潜力。不过，在标准缺失、卫生状况堪忧、行业鱼龙混杂面前，辣条江湖日后的混战该如何演绎？

辣条的发源地在湖南平江，但真正把辣条产业规模化并推向全国市场的却是河南辣条企业。尽管卫龙的创始人仍是地道的湖南伢子，但迁居河南的平江人按照北方人的口味喜好，创造了"豫派辣条"，经过改良后的"豫派辣条"由于甜辣口味迅速地全国化，与原产地的"湘派辣条"分庭抗礼。

由于缺乏统一的食品安全标准，"豫派辣条"与"湘派辣条"在监管上有两套标准。2007年，湖南把辣条定义为"挤压式糕点"并出台相应食品安全标准。同年，河南也出台了同类食品安全标准，辣条的定义是"调味面制品"。不同的食品安全标准令食品监管变得异常困难，当下的解决方案是，当辣条销往全国的时候，如果产自河南，那么就按照面制品的标准来检测，如果产自湖南，则按照糕点的标准来检测。

标准的不统一，造成了2018年9月，卫龙食品的食品安全事件。彼时，卫龙生产的多款调味面制品被湖北省食品药品监督管理局判定为不合格产品。随后，卫龙官方发布紧急声明，表示卫龙产品完全合法合规，产生分歧的原因是卫龙一直执行现行有效的地方标准。此事最后不了了之，卫龙也得以度过危机。（案例来源：食品头条）

讨论：标准在行业发展中起着什么样的作用？

案例2："儿童食品"乱象丛生，市场监管应快走一步。一到开学季，从儿童书包到儿童牛奶、儿童水饺，大部分与"儿童"相关的产品就会受到家长的青睐。

事实上，所谓的"儿童食品"大部分是商家的自造概念、营销噱头。据媒体报道，儿童食品市场鱼龙混杂，一些产品为了迎合儿童口味，还加入了更多如色素、调味料之类的食品添加剂。

面对"儿童食品"乱象丛生，监管应快走一步。一方面，强化质量监管。对那些劣质的

"儿童食品"企业要严格惩处。另一方面,有关部门应完善相关法律法规,对于"儿童"相关字样出现在食品包装上做更严格的规范和限制。同时,尽快制定更为严格的食品认定标准,满足市场多元化需求,让孩子吃得开心,更吃得放心。(案例来源:华声在线)

讨论:我国关于儿童食品的相关法律法规有哪些?

案例3:2021年4月1日起,北京市已正式实施《餐饮服务单位餐饮服务场所布局设置规范》《餐饮服务单位餐饮用具使用管理规范》《餐饮服务单位从业人员健康管理规范》三个地方标准,从餐饮企业的经营、监管人员的检查等方面做到"标尺统一",以让市民吃得更放心、更安心、更舒心。

以上三项地方性法规从宏观到微观具体规范了餐饮单位食品安全生产、管理与服务,在细节方面尤甚。《餐饮服务单位餐饮服务场所布局设置规范》提供了多种类型布局流程的模板,餐饮单位可根据自己拟经营的内容,从中选择使用,能更便捷、准确、顺利地开设新店。同时还对一些布局、设备设施的细节提出明确要求。《餐饮服务单位餐饮用具使用管理规范》对餐饮用具的进货查验、使用、清洁消毒、贮存、维护与处置等提出了明确要求。《餐饮服务单位从业人员健康管理规范》对餐饮行业从业人员基本要求、工作服及配饰、口罩佩戴及手部卫生等全方位进行规定,如在专间和专区从事食品制作的人员必须佩戴口罩,严防污染等。

这些举措既是针对小餐饮、小作坊、小摊贩的监管武器,也是促进餐饮行业发展的利器。

根据《2020年中国餐饮加盟行业白皮书》显示,目前中国餐饮的连锁化率只有5%,仅为美国的1/6;2019年中国餐饮连锁门店增长率为27%,以高于餐饮整体3倍的速度进行扩张。未来十年餐饮连锁化率将进一步提升,到2030年有可能超过20%。餐饮服务单位要想充分保证食品安全,要想适应社会发展节奏,逐步做大做强,就必须要实现"标准化",即有稳定的供应链、标准化的操作空间与制作流程、提供统一的口味和标准化的服务。

标准化成败的核心,在于如何最大限度地降低人为因素、经验与外部环境的影响,使产品质量与服务标准达到稳定。餐饮服务单位想要实现标准化管理,要积极从以下几个方面着手:

一是环境管理标准。餐厅应当依法做好从业人员健康检查和培训工作,打造良好的环境。

二是原料管理标准。需要层层把关,挑选新鲜的食材,并制定保质期限,必须严格按照规定时间制作。

三是服务管理标准。主要体现为服务人员的仪表、语言、态度和行为标准等。餐饮企业在向顾客提供服务的过程中,在着眼于服务的整体、采用系统的方法、标准化服务流程基础上,根据行业特征和提供服务的特性从不同方面进行细节的标准化。同时,根据内部条件和顾客需求实行标准化和个性化的动态平衡。(案例来源:中国食品安全报)

讨论:为什么要推行标准化?标准化在企业经营过程中的作用是什么?

二、标准与标准化

国家标准中定义："标准是对重复性事物和概念所做的统一规定,它以科学、技术和实践经验的综合为基础,经过有关方面协商一致,由主管机构批准,以特定的形式发布,作为共同遵守的准则和依据。"标准是标准化的准则和依据。

标准化是人类在长期生产实践过程中逐渐摸索和创立起来的一门科学,也是一门重要的应用技术。标准化是组织现代化生产的重要手段,是发展市场经济的技术基础,是科学管理的重要组成部分。标准化水平反映了一个国家的生产技术水平和管理水平。

食品标准化是全面提升食品质量和安全水平,保障消费者健康的关键;是提高国家食品产业竞争力的重要技术支撑;是实现食品产业结构调整的重要手段;是国家食品监督管理、规范市场秩序的依据。因此学习和掌握食品标准与标准化的基本理论和基础知识具有重要的意义和作用。

(一)标准与标准化概念

《中华人民共和国标准化法》(以下简称《标准化法》)已由中华人民共和国第七届全国人民代表大会常务委员会第五次会议于 1988 年 12 月 29 日通过,自 1989 年 4 月 1 日起施行。

标准化作为一门独立的学科,有它特有的概念体系。研究标准化的概念,对于标准化学科的建设和发展,以及开展和传播标准化的活动具有重要意义。

"标准化"和"标准"是标准化概念体系中最基本的概念。

1.标准的定义

(1)我国对标准的定义

GB/T 20000.1—2014 对"标准"的定义是："通过标准化活动,按照规定的程序经协商一致制定,为各种活动或其结果提供规则、指南或特性,供共同使用和重复使用的文件。"

标准的定义包含下述含义:

①标准产生的基础是科学研究的成就、技术进步的新成果和先进的实践经验的结合。

②标准的对象是具有重复性的事物,标准是重复使用的文件。

③标准是一种特殊文件,该文件需按规定程序经协商一致制定。

综上所述,标准是科学、技术和实践经验的综合成果,是先进的科学与技术的结合,是理论与实践的统一,是综合现代科学技术和生产实践的产物。标准随着科学技术与生产的发展而发展,具有动态性,它是协调社会经济活动、规范市场秩序的重要手段,它既是科学技术研究和生产的依据,又是贸易中签订合同、交货和验货、仲裁纠纷的依据。

（2）WTO/TBT对技术法规和标准的定义

在世界贸易组织《贸易技术壁垒协议》中，"技术法规"指强制性文件，"标准"仅指自愿性文件。

①技术法规。

WTO/TBT对"技术法规"的定义是："强制执行的规定产品特性或相应加工和生产方法（包括可适用的行政或管理规定在内）的文件。技术法规也可以包括或专门规定用于产品、加工或生产方法的术语、符号、包装、标志或标签要求。"

技术法规是指规定技术要求的法规，它或者直接规定技术要求，或者通过引用标准、技术规范或规程来规定技术要求，或者将标准、技术规范或规程的内容纳入法规中。

②标准。

WTO/TBT对"标准"的定义是："由公认机构批准的、非强制性的、为了通用或反复使用的目的，为产品或相关加工和生产方法提供规则、指南或特性的文件。标准也可以包括或专门规定用于产品、加工或生产方法的术语、符号、包装、标志或标签要求。"

2.标准化的定义

我国国家标准GB/T 20000.1—2014《标准化工作指南　第1部分:标准化和相关活动的通用术语》对"标准化"的定义是："为了在既定范围内获得最佳秩序，促进共同效益，对现实问题或潜在问题确立共同使用和重复使用的条款，以及编制、发布和应用文件的活动。"

标准化定义包含下述含义：

①标准化的出发点是"获得最佳秩序，促进共同效益"。

②标准化是一个活动过程，其活动的核心是标准，即制定标准、实施标准和修订标准的活动过程。

③标准化是一项有目的的活动，其目的就是使产品、过程或服务具有适用性。

④标准化活动是建立规范的活动。该规范具有共同使用和重复使用的特征。条款或规范不仅针对当前存在的问题，而且针对潜在的问题，这是信息时代标准化的一个重大变化和显著特点。标准化是一种科学活动，伴随着科学技术的进步和人类实践经验的不断深化，需要重新修订、贯彻标准，达到新的统一，具有不断循环、螺旋式上升的特征。

3.食品标准与食品标准化的定义

（1）食品标准的定义

食品标准的定义与标准的定义密不可分，结合食品的特点，可将"食品标准"定义为：通过食品标准化活动，按照规定的程序经协商一致制定，为食品各种活动或其结果提供规则、指南或特性,可共同使用和重复使用的文件。

食品标准的定义包含下述含义:

①食品标准的制定是基于食品科技的成果。

②食品标准制定有特定对象,即食品本身、食品生产过程、食品接触材料与制品、食品标签等。

③食品标准需要得到国家或相关组织认可。

(2)食品标准化的定义

基于 GB/T 20000.1—2014 中对标准化的定义,结合食品满足人们基本健康需求的属性,"食品标准化"可定义为:为了在食品领域特定范围内获得最佳秩序,促进共同效益,对食品基础性问题、现实或潜在的食品技术问题确立共同使用和重复使用的条款及编制、发布和应用文件的活动。

食品标准化的定义揭示出其具有下述特征:

①食品标准化是一个活动过程。

②制定食品标准是食品标准化活动的基础。

③实施食品标准是实现食品生产管理和监管的关键。

(二)标准化活动的基本原则

1.超前预防原则

标准化的对象不仅要在依存主体的实际问题中选取,而且更应从潜在问题中选取,以避免该对象非标准化造成的损失。

21 世纪,科学技术迅猛发展,日新月异。而以科学技术与实践经验的成果为基础制定的标准,作为共同使用和重复使用的一种规范性文件,又要求具有相对的稳定性。为协调好发展和稳定这一关系,对潜在问题实行超前标准化是一个有效的原则,这可有效地预防多样化和复杂化,避免非标准化造成的损失。

2.协商一致原则

标准作为一种特殊的文件,是在兼顾各有关方面利益的基础上,经过协商一致而制定的。标准在实施过程中有"自愿性",各方进行充分的协商讨论,最终形成一致的标准,这个标准才能在实际生产和工作中得到顺利的贯彻实施。

3.系列优化原则

标准化的效益包含经济效益和社会效益,实行标准化应考虑获取最大效益。获取标准化效益时,不只是考虑对象自身的局部标准化效益,还应考虑对象依存主体系统,即全局的最佳效益。

在标准尤其是系列标准的制定中,如通用检测方法标准、不同等级的产品质量标准和管理标准、工作标准等,应坚持系列优化的原则,减少重复、避免浪费,提高经济效益和社会效益。农产品中农药残留量的测定方法是比较通用的方法,不同种类的食品都可以引用,也便于测定结果的相互比较,保证农产品质量。《食品安全国家标准　食品微生物学检

验 总则》(GB 4789.1)和《食品卫生检验方法 理化部分 总则》(GB/T 5009.1)就是不断完善、系列优化的标准,在食品质量检验工作中具有重要的地位和作用。

4.互相兼容原则

标准的制定必须坚持互相兼容的原则,尽可能使不同的产品、过程或服务实现互换和兼容,以扩大标准化的经济效益和社会效益。应在标准中统一计量单位、制图符号,对一个活动或同一类产品在核心技术上应制定统一的技术要求,达到资源共享的目的。如农产品安全质量要求、产地环境条件、农药残留最大限量等都应有统一的规定。

5.阶梯发展原则

标准化活动过程,即标准的制定—实施—修订,是一个阶梯上升发展的过程。每次修订标准就把标准水平提高一步,标准化必须伴随其依存主体、技术或管理水平的提高而提高。如 GB/T 1.1—2020《标准化工作导则 第 1 部分:标准化文件的结构和起草规则》标准,经过多次修订,其标准水平不断提高。

6.有序修订原则

标准应依据其所处环境的变化,按规定的程序适时修订,才能保证标准的先进性。一个标准制定完成之后,绝不是一成不变的,随着科学技术的不断进步和人民生活水平的不断提高,要适时进行标准修订,以适应发展的需要,否则就会滞后而丧失生命力。标准的修订有规定的程序,要按规定的时间、规定的程序进行修订和批准。

(三)标准化的方法原理

食品标准化理论研究的主要内容是认识食品标准化活动的基本规律和原理,寻求有效方法解决食品标准化过程中的问题。

食品标准化的方法主要有:简化、统一化、通用化、系列化、组合化、模块化。

1.简化

(1)简化的概念与特点

简化是古老又最基本的标准化形式。简化是在一定范围内缩减对象的类型数目,使之在既定时间内满足一般的需要。

其特点是:具有同种功能的标准化对象,当其多样性的发展规模超出了必要的范围时,即应消除其中多余的、可替换环节,保持其构成的精炼、合理,使总体功能最佳。

(2)简化的必要性和合理性界限

简化时必须把握好必要性和合理性两个界限。

①简化的必要性界限。

事物的多样性是发展的普遍形式,食品的商品生产和竞争是多样化的重要原因。在食品生产领域,由于科学、技术、竞争和需求的发展,使食品产品的种类急剧增加。在激烈的市场竞争中,这种多样化的发展趋势,不可避免地带有不同程度的盲目性,如果不加控制地任其发展,就可能出现多余的、无用的产品品种。

简化是人类对食品产品的类型进行有意识的自我控制的一种有效形式。在这种事后简化的过程中,要把握好简化的必要性界限,只有"当具有同种功能的标准化对象,其多样性的发展规模超出了必要的范围时",才允许简化。所谓的必要范围是指通过对象发展规模(如品种、规格的数量等)与客观实际的需要程度相比较而确定的。运用经济分析等方法,可以使简化的"范围"具体化,"界定"定量化。

②简化的合理性界限。

"总体功能最佳"就是简化的合理性界限的目标。"总体"指的是简化对象的品种构成,"最佳"指的是从全局看效果最佳。它是衡量简化是否做到了既"精炼"又"合理"的唯一标准。运用最优化的方法,可以从几种接近的简化方案中选择"总体功能最佳"的方案。

(3)简化的一般原则

简化的实质是对客观系统的结构进行调整,使之优化的一种有目的的标准化活动,应遵循如下原则:

①充分满足客观的需要,不能盲目地追求事物的缩减。

②对简化方案的分析论证应以特定的时间、空间范围为前提。时间上要考虑当前的情况和今后一定时期的发展要求;对简化涉及的空间范围及简化后的标准发生作用的空间范围,必须做较为准确的计算或估计,切实贯彻全局利益原则。

③简化的结果必须保证在既定的时期和一定的领域内满足一般的需要,不能因简化而损害消费者的利益。

④对产品规格的简化要形成系列,其参数组合应尽量符合数值分级规定。

2.统一化

(1)统一化的概念

统一化是把同类事物两种以上的表现形态归并为一种或限定在一个范围内的标准化形式。同简化一样,都是古老而又基本的标准化形式,人类的标准化活动就是从统一化开始的。

统一化的原理是:在一定范围、一定时期和一定条件下,对标准化对象的形式、功能或其他技术特性所确立的一致性,应与被取代的事物功能等效,以实现标准化的目的。

(2)统一化的一般原则及其在食品标准化中的应用

统一有两类,一类是绝对的统一,它不允许有灵活性,必须达到某种要求或指标。对于食品标准,安全要求就是绝对的统一,例如制定食品安全限量标准、食品标签标准等强制性标准。另一类是相对的统一,可依据情况区别对待,如一些推荐性的食品标准化术语、食品检测方法标准等。食品标准化的统一化一般应把握好下述原则。

①适时原则。

统一是事物发展到一定规模、一定水平时,人为进行干预的一种标准化形式。干预的时机是否恰当,对事物未来的发展有很大影响。

所谓"适时"就是指统一的时机要选准。如果统一过早,有可能将尚不完善、稳定、成熟的类型以标准的形式固定下来,可能使低劣的类型合法化,不利于优异类型的产生;如果统一过迟,当低劣的类型大量出现并形成定局时,在淘汰低劣类型过程中必定会造成较大的经济损失,增加统一化的难度。

为较准确地把握统一化的时机,可通过预测技术和经济效益分析,经济技术发展规划、趋势的研究等科学地加以确定。在具体的标准化活动实践中,统一过早的事例并不多见,但统一过迟的事例却屡见不鲜。把握好统一的时机,是做好食品标准化统一的关键。

②适度原则。

所谓"适度"就是要合理地确定统一化的范围和指标水平。度是保持事物质的稳定性的数量界限。对客观事物进行统一化,既要有定性的要求(质的规定),又要有定量的要求。例如,在对产品进行统一化时,不仅要对统一的内容、范围、要求等做出明确的规定,而且必须恰当地规定每项要求的数量界限。在对标准化对象的某一特性做定量规定时,对可以灵活规定的技术特性指标,要掌握好指标的灵活度。

③等效原则。

所谓"等效"是指把同类事物两种以上的表现形式归并为一种(或限定在某一范围)时,被确定的"一致性"与被取代事物之间必须具有功能上的可替代性。只有统一后的标准与被统一的对象具有功能上的等效性,才能替代。

④先进性原则。

所谓"先进性"是指确定的一致性(或所做的统一规定)应有利于促进生产发展和技术进步,有利于社会需求得到更好的满足。贯彻先进性原则,就是要使建立起来的统一性具有比被淘汰的对象更高的功能,在生产和使用过程中取得更大的效益。

3.通用化

(1)通用化的概念

通用化是指在互相独立的系统中,选择和确定具有功能互换性或尺寸互换性的子系统或功能单元。通用化以互换性为前提。互换性指的是不同时间、不同地点制造出来的产品或零件,在装配、维修时不必经过修整就能任意替换使用的性质。

互换性有两层含义:一是功能互换性;二是尺寸互换性。尺寸互换性是功能互换性的部分内容,它对于零部件的通用化具有突出作用,但功能互换性在标准化过程中越来越显得重要。通用化概念包括功能互换性的含义。

(2)通用化的目的

通用化的目的是最大限度地减少在设计和使用过程中的重复劳动,使用途相同、结构相近,经过通用化,具有互换性,从而节约设计和试制的工作量,简化管理,缩短设计试制周期,扩大生产批量,提高专业化水平,为企业带来一系列经济效益。

4.系列化

系列化是指对同一类产品或其中的一组产品进行通盘规划的标准化形式。系列化的对象是一类(组)产品,而不是一个产品。通过对同一类(组)产品国内外产需发展趋势的预测,结合生产技术条件,经过全面的技术经济比较,将主产品的主要参数、型式、功能、基本结构等进行合理的安排与规划。

产品成系列开发的意义：

①系列产品能较好地满足市场需求。如按尺寸或功能参数形成的系列,可满足不同范围的需求;按豪华程度形成的系列,可满足不同层次的需求;变型系列,可满足不断变化的个性化需求。

②系列产品能有效应对市场挑战,使投资少、风险小、成功率高、周期短、交货及时;同时制造方便、成本低、继承性好、可靠程度高。

③有利于企业采取优势延伸的经营策略。

由此可见,系列化是使某一类产品系统的结构优化、功能最佳的标准化形式。

5.组合化

（1）组合化的概念

组合化是指按照统一化、系列化的原则,设计并制造出若干组通用性较强的单元,根据需要拼合成不同用途的物品的一种标准化形式。

其特点是产品由可互换的单元组成;单元是可拆、可重组的（多次重复利用）;单元是标准化的、成系列制造的;改变单元及其组合便可改变产品功能;达到以少变求多变的目的。组合化的特征是通过统一化的单元组合为物体,这个物体又能重新拆装,组合新的结构,而统一化单元可以多次重复利用。

（2）组合化的主要过程和内容

在产品设计、生产过程及产品的使用过程中,都可以运用组合化的方法。组合化的内容主要是选择和设计标准单元和通用单元,这些单元又称作"组合元"。确定组合元的程序,先确定其应用范围,然后划分组合元,编排组合型谱（由一定数量的组合元组成产品的各种可能形式）,检验组合元是否能完成各种预定的组合,最后设计组合元件并制定相应的标准。

6.模块化

20世纪后半叶,世界各国通过经济发展有力地促进了技术进步,尤其是信息技术发展催生了一系列高科技复杂产品,企业面临一系列复杂系统的挑战。模块化正是在此背景下产生的,是应对复杂系统（产品或工程）的标准化新形式。

模块是产品系统的构成要素,通常由元件或零部件组合而成,具有独立功能,或成系列,可单独制造,高层模块可由低层模块组成,通过不同形式的接口与其他模块或单元组成产品,且可分、可合、可互换。模块是模块化的基础,可分为功能模块和结构模块等。模块化的过程通常包括模块化的设计、生产和装配。

模块化从产品起源到现在已扩展到工程领域。集成电路、海洋平台、宇宙飞船等都是模块化的杰作。

21世纪,模块化产品比比皆是,模块化制造系统、模块化企业、模块化企业族群、模块化产业结构、模块化产业集群网络等已成为经济学界的研究热点,国内外众多经济学家把当今的时代称为"模块时代"。

三、食品标准分类和标准体系

(一)食品标准分类

食品标准从不同目的出发,依据不同准则,可分成不同的标准类别。

1.根据标准发生作用的有效范围分类

2018年颁布的《中华人民共和国标准化法》第二条规定,我国根据标准发生作用的有效范围,将标准分为国家标准、行业标准、地方标准和企业标准四级。

(1)国家标准

我国国家标准是指由国家标准机构通过并公开发布的标准。其是指对全国经济技术发展有重大意义,必须在全国范围内统一的标准。国家标准由国务院标准化行政主管部门编制计划和组织草拟,并统一审批、编号和发布。

食品领域内需要在全国范围内统一的食品技术要求,应当制定食品国家标准。

国家标准的代号由大写汉字拼音字母构成,强制性国家标准代号为"GB",推荐性国家标准的代号为"GB/T"。

(2)行业标准

我国行业标准是指由行业机构通过并公开发布的标准。行业标准由国务院有关行政主管部门制定,并报国务院标准化行政主管部门备案。

根据我国现行标准化法的规定,对没有食品国家标准,而又需要在全国食品行业范围内统一的技术要求,可以制定食品行业标准。在公布国家标准之后,该项行业标准即行废止。

(3)地方标准

我国地方标准是指在国家的某个地区通过并公开发布的标准。地方标准由省、自治区、直辖市标准化行政主管部门制定,并报国务院标准化行政主管部门和国务院有关行政主管部门备案。

根据我国现行标准化法的规定,对没有国家标准和行业标准而又需要在省、自治区、直辖市范围内统一的食品工业产品的安全、卫生要求,可以制定地方标准。在公布国家标准或行业标准后,该项地方标准即行废止。

(4)企业标准

我国企业标准是指由企业通过、由该企业使用的标准。食品企业标准由企业制定并由企业法人代表或其授权人批准、发布。企业的产品标准须报当地政府标准化行政主管部门和有关行政主管部门备案。

企业标准代号:由标准化行政主管部门会同同级行政主管部门加以规定。例如:Q/。

2.根据标准实施的约束力分类

我国根据标准实施的约束力,将标准分为强制性标准和推荐性标准两大类。

（1）强制性标准

根据我国标准化法的规定,强制性标准是指国家标准和行业标准中保障人体健康和人身、财产安全的标准,以及法律、行政法规规定强制执行的标准。此外,由省、自治区、直辖市标准化行政主管部门制定的工业产品的安全和卫生要求的地方标准,在本行政区域内是强制性标准。强制性标准的强制性是指标准应用方式的强制性,即利用国家法制强制实施。

（2）推荐性标准

强制性标准以外的标准是推荐性标准。食品推荐性标准是倡导性、指导性、自愿性的标准。通常国家和行政主管部门积极向企业推荐采用这类标准,企业则完全按自愿原则自主决定是否采用。企业一旦采用了某推荐性标准作为产品出厂标准,或与顾客商定将某推荐性标准作为合同条款,那么该推荐性标准就具有了相应的约束力。

3.根据标准化对象的基本属性分类

根据标准化对象的基本属性,将标准分为技术标准、管理标准和工作标准。

（1）技术标准

技术标准是指对标准化领域中需要协调统一的技术事项所制定的标准。

标准的形式可以是标准、技术规范、规程等文件,以及标准样品实物。技术标准是标准体系的主体,体量大、涉及面广、种类繁多,其主要类别有基础标准,产品标准,设计标准,工艺标准,检验和试验标准,信息标识、包装、搬运、储存、安装、交付、维修、服务标准,设备和工艺装备标准,基础设施和能源标准,医药卫生和职业健康标准,安全标准和环境标准等。

（2）管理标准

管理标准是指对标准化领域中需要协调统一的管理事项所制定的标准。

管理标准与技术标准的区别是相对的,一方面管理标准涉及技术事项,另一方面技术标准也适用于管理。

管理标准可分为管理基础标准、技术管理标准、经济管理标准、行政管理标准等,每一类又可细分为更具体的内容。

企业中的管理标准种类和数量有很多,主要有管理体系标准、管理程序标准、定额标准和期量标准。

①管理体系标准。

管理体系标准通常是指 ISO 9000 质量管理体系标准、ISO 14000 环境管理体系标准、ISO 45000 职业健康安全管理体系标准,以及其他管理体系标准。

②管理程序标准。

管理程序标准通常是在管理体系标准的框架结构下,对具体管理事物（事项）的过程、流程、活动、顺序、环节、路径、方法的规定,是对管理体系标准的具体展开。

③定额标准。

定额标准是指在一定时间、一定条件下,对生产某种产品或进行某项工作消耗的劳动、物化劳动、成本或费用所规定的数量限额标准。定额标准是进行生产管理和经济核算的基础。

④期量标准。

期量标准是生产管理中关于期限和数量方面的标准。在生产期限方面,主要有流水线节拍、节奏,生产周期、生产间隔期、生产提前期等标准;在生产数量方面,主要有批量、在制品定额等标准。

（3）工作标准

工作标准是为实现整个工作过程的协调,提高工作质量和效率所制定的标准。

通常,企业的工作岗位可分为生产岗位（操作岗位）和管理岗位,相应的工作标准也分为:

①管理工作标准。

管理工作标准主要规定工作岗位的工作内容、工作职责和权限,本岗位与组织内部其他岗位纵向、横向的联系,本岗位与外部的联系,岗位工作员工的能力和资格要求等。

②作业标准。

作业标准的核心内容是规定作业程序的方法。有的企业这类标准常以作业指导书或操作规程的形式存在。

4.根据标准信息载体分类

根据标准信息载体,可将标准分为标准文件和标准样品。

（1）标准文件

根据标准中技术内容的要求程度,可将食品标准分为规范、规程和指南。这三类标准中技术内容的要求程度逐渐降低,标准中所使用的条款及表现形式也有差别,编写要求也不同。

①规范。

规范是指"规定产品、过程或服务需要满足的技术要求的文件"（引自 GB/T 20000.1—2014 5.5 规范）。

几乎所有的食品标准化对象都可以成为"规范"的对象,无论是产品、过程还是服务,或者是其他更具体的标准化对象。

这类文件的内容有一个共同的特点,即它规定的是各类食品标准化对象需要满足的要求。规范最好指明可以判定其要求是否得到满足的程度,也就是说规范中应该有由要求型条款组成的"要求"一章。规范中需要同时指出判定符合要求的程度。

②规程。

规程是指"为产品、过程或服务全生命周期的有关阶段推荐良好惯例或程序的文件"（引自 GB/T 20000.1—2014 5.6 规程）。

食品规程针对的标准化对象是产品、过程或服务全生命周期的有关阶段。

规程与规范的区别是:规程的标准化对象较规范更具体;规程的内容是"推荐"惯例或程序,规范是"规定"技术要求;规程中的惯例或程序推荐的是"过程",而规范规定的是"结果";规程中大部分条款是由推荐型条款组成,规范必定有由要求型条款组成的"要求"。因此,从内容和力度上来看,规程和规范之间存在着明显的差异。

③指南标准。

指南标准是指"以适当的背景知识提供某主题的普遍性、原则性、方向性的指导,或者同时给出相关建议或信息的标准"(引自 GB/T 1.1—2020　4.3 标准类型)。

食品指南的标准化对象较广泛,但具体到每一个特定的指南,其标准化对象则集中到某一主题的特定方面。

指南的具体内容限定在信息、指导或建议等方面。可见,"指南"的内容和"规范""规程"有着本质的区别。

(2)标准样品

食品标准样品的作用主要是提供实物,作为质量检验、鉴定的对比依据,测量设备检定、校准的依据,以及作为判断测试数据准确性和精确度的依据。

食品标准样品是具有足够均匀的一种或多种化学、物理、生物学、工程技术或感官等的性能特征,经过技术鉴定,并附有说明有关性能数据证书的一批样品。

5.根据标准的内容分类

根据标准的内容,可将食品标准分为食品基础标准,食品安全限量标准,食品检验检测方法标准,食品质量安全控制与管理技术标准,食品标签标准,重要食品产品标准,食品接触材料与制品标准,其他标准。

(1)食品基础标准

食品基础标准是指在食品领域具有广泛的使用范围,涵盖整个食品或某个食品专业领域内的通用条款和技术要求,主要包括通用的食品技术术语标准,相关量和单位标准,通用的符号、代号(含代码)标准等,如 GB/T 15091—1994《食品工业基本术语》、GB/T 12728—2006《食用菌术语》等。

(2)食品安全限量标准

该类标准包括食品中有毒有害物质限量标准、食品接触材料卫生要求和食品添加剂使用限量标准。

食品中有毒有害物质限量标准包括食品中农药残留限量标准,兽药残留限量标准,食品中有害金属、非金属化合物限量标准,食品中生物毒素限量标准,食品中微生物限量标准。如 GB 2763—2021《食品安全国家标准　食品中农药最大残留限量》、GB 2761—2017《食品安全国家标准　食品中真菌毒素限量》和 GB2762—2017《食品安全国家标准　食品中污染物限量》等。

(3)食品检验检测方法标准

该类标准包括食品微生物检验方法标准、食品卫生理化分析方法标准、食品感官分析方法标准、毒理学评价方法标准等。如 GB 23200.7—2016《食品安全国家标准　蜂蜜、果汁和果酒中 497 种农药及相关化学品残留量的测定　气相色谱—质谱法》等。

（4）食品质量安全控制与管理技术标准

该类标准指通用的为满足和达到食品及食品生产、加工、储存、运输、流通和消费中质量、安全、卫生要求的各种控制与管理技术规范、操作规程等标准。如 GB/T 19080—2003《食品与饮料行业 GB/T 19001—2000 应用指南》、GB 14881—2013《食品安全国家标准 食品生产通用卫生规范》等。

（5）食品标签标准

这是一类在食品包装上传递食品信息有关要求的标准，我国目前的食品标签标准有 GB 7718—2019《食品安全国家标准　预包装食品标签通则》、GB 13432—2013《食品安全国家标准　预包装特殊膳食用食品标签》和 GB 28050—2019《食品安全国家标准　预包装食品营养标签通则》等。

（6）重要食品产品标准

该类标准涉及企业食品生产许可分类的 31 类产品中消费量大、与日常生活和出口贸易密切相关的重要产品标准。如 GB/T 1535—2017《大豆油》、GB 19302—2010《食品安全国家标准　发酵乳》等。

（7）食品接触材料与制品标准

这类标准对与食品接触的材料及制品的质量和安全要求进行规定。如 GB/T 18192—2008《液体食品无菌包装用纸基复合材料》、GB/T 18706—2008《液体食品保鲜包装用纸基复合材料》等。

（8）其他标准

除上述标准外，其他如限制人为因素、非法因素带来的食品安全问题，采用加强公众宣传教育的方式进行预防，制定消费者食品安全教育指南等方面的标准。

（二）食品标准体系与标准体系表

食品质量、安全控制与管理是一项综合性、多主体、复杂的系统工程，无论是针对食品产品不同类别，还是加工过程各环节要素，都需要制定标准。只有通过标准手段，构建食品标准体系，对全过程进行有效监控和管理，才能从根本上保证和提高食品质量和安全水平。

1.食品标准体系

食品标准体系是指为实现确定的目标，由食品领域内具有一定内在联系的标准组成的、具有特定功能的科学有机整体，是一幅包括现有、应有和计划制定的标准工作蓝图。

2.标准体系表的编制原则

食品标准体系表是指一定范围标准体系内的标准，按一定的形式排列起来的图表。食品标准体系表是食品标准体系的有效表达方式，即用图或表的形式把食品标准体系内的标准按一定形式排列起来,表示食品标准体系的概况、总体结构和各标准间的内在联系。

食品标准体系表能够直观地概括出食品标准的全貌和局部内容,清楚地显示每项食品标准的层级、属性等信息,以及食品标准的前瞻性发展方向,从而满足一段时间内食品标准管理的需要。同时,食品标准体系表是标准体系规划的落脚点,如果食品标准体系的研究规划最后不落实到标准的制定、修订上,体系的目标便无法有效地实现。因此,食品标准体系表的编制是建立食品标准体系十分重要而关键的一环。

GB/T 13016—2018《标准体系构建原则和要求》提出标准体系的编制原则包括四个方面:目标明确、全面成套、层次恰当和划分清楚。

(1)目标明确

标准体系是为业务目标服务的,构建标准体系应首先明确标准化目标。

(2)全面成套

在国家层面,食品标准体系表编制"全面成套"是指针对食品标准体系满足食品质量安全控制与管理目标,要实现食品标准的"全",要充分体现整体性。只有胸有全局,才能解决主要矛盾、明确主攻方向,特别是对前瞻性的食品技术标准尤为重要,这也是食品标准体系表的重要价值体现。

(3)层次恰当

食品标准体系表编制"层次恰当"是指共性与个性的关系处理必须恰当,否则会出现重复和混乱。一般要尽量扩大共性食品标准的使用范围,并将它们尽量安排在食品标准体系表的高层次上。例如食品中微生物的检测方法,要尽量安排在通用的食品检测方法层面上,而不应以食品产品类别划分安排在产品标准范围内,如制定白酒中某微生物的测定、葡萄酒中某微生物的测定等,这会产生过多、过细的标准。

(4)划分清楚

食品标准体系表编制"划分清楚"包括多方面含义。如食品分类划分清楚、标准类型划分清楚、标准属性和层级划分清楚等。

我国食品标准体系的建设目标是"形成重点突出,强制性标准与推荐性标准定位准确,国家标准、行业标准和地方标准相互协调,基础标准、产品标准、方法标准和管理标准配套,与国际食品标准体系基本接轨,能适应行业要求,满足进出口贸易需要,科学、合理、完善的食品标准新体系。"因此,编制食品标准体系表时划分清楚十分重要,这需要大量的研究基础作支撑。

3.食品标准体系表的编制

食品标准体系表编制过程中,首先要根据标准体系的组成特点,选择适宜的标准体系表形式;然后将所需的所有食品标准,依据标准体系总框架,充分考虑食品类别、标准层次、加工环节、标准属性等多个方面,按照标准层次(通用标准和产品专用标准)—过程环节—标准类型—标准性质的顺序展开。

（三）中国标准

随着社会的发展和生活质量的不断提高，人们对食品质量安全的要求越来越高，食品安全成为当今世界人们所关注的焦点问题之一。科学合理、先进实用的食品标准是保证食品安全的前提，直接关系到人们的身体健康。苏丹红事件、三聚氰胺毒奶粉事件、地沟油事件等食品安全事件的发生，反映了食品标准在食品安全监管中的重要作用，也暴露出我国现行食品标准中存在的一些亟待解决的突出问题。

《食品安全法》的颁布实施是中国食品标准体系建设的一个转折点，以食品安全风险评估为基础，借鉴国际经验，加快我国食品标准清理整合，完善符合我国国情的以食品安全标准为核心的中国食品标准体系，是保障人民身体健康、保证食品安全的基础工作。

1.概述

中国食品标准经过几十年的发展，已初步形成门类齐全、基本完整、结构相对合理、具有一定配套性的体系，有力地促进了我国食品工业的发展和食品质量的提高。但是与国际水平和国际食品贸易发展新形势的要求相比，还存在较大差距。

目前应以《食品安全法》《食品安全法实施条例》及相关法规和配套规章为基础，全面清理整合现行食品标准，努力提高标准的科学性和实用性，鼓励采用国际标准，积极参与国际食品法典委员会的工作，学习和借鉴国际食品标准管理经验，同时参与国际食品法典标准制定、修订工作，维护我国食品贸易利益，保证我国的食品安全，从而保障我国消费者的身体健康。

2.中国食品标准现状

（1）现状

中国食品标准工作经过几十年的发展已取得了显著的成就，基本建立了以国家标准为核心，行业标准、地方标准和企业标准为补充的食品标准体系。截至 2017 年 7 月，我国已完成对 5000 余项食品标准的清理整合，共审查修改 1293 项标准，发布了 1224 项食品安全国家标准；截至 2021 年 8 月，我国共发布 1366 项食品安全国家标准，涵盖指标 2 万余项。这些国家标准对食品的原料、辅料、外观、营养元素、添加剂、微生物等指标做出了详细规定，为食品安全提供了基础性制度保障。我国各项食品安全国家标准已相当完善，形成包括通用标准、产品标准、生产经营规范标准、检验方法标准 4 大类的食品安全国家标准，已发布食品、食品添加剂、食品相关产品国家标准 1400 余项。

（2）问题

上述标准涵盖了粮食、油料、水果、蔬菜、畜禽、水产品等 18 大类农产食品，罐头食品、食糖、焙烤食品、糖果（巧克力）、调味品、乳及乳制品、食品添加剂等 19 类加工产品和食品安全（包括农兽药残留、有毒有害物质限量等）标准。这些标准为保证我国食品安全发挥了重要作用。但也应该看到，由于受食品产业发展水平、风险评估能力和食品标准研制条件等因素的制约，现行食品标准还存在一些突出问题，主要表现在以下方面：

①标准体系有待进一步完善。

《食品安全法》颁布前,各部门依职责分别制定各类食品标准,如卫生行政部门组织制定的食品卫生标准、质量监督部门组织制定的食品质量标准、农业行政部门组织制定的食用农产品质量安全标准、环保部门组织制定的有机食品标准、认证与监督管理部门为了认证工作的需要制定的认证标准、国务院食品相关的行政主管部门组织制定的各类食品行业标准等。虽然标准总体数量多,但标准间既有交叉重复、又有脱节,标准间的衔接协调程度不高。

②重要标准或重要指标有待完善。个别重要标准或者重要指标尚不能满足食品安全监管需求。例如部分配套检测方法、食品包装材料等标准缺失。

③标准的科学性和合理性有待提高。

目前现行标准总体上标龄较长,食品产品安全标准通用性不强,部分标准指标欠缺风险评估依据,不能适应食品安全监管和行业发展需要。

④标准宣传培训和贯彻执行有待加强。

食品安全标准指标多、技术性强、强制执行要求高、社会关注度高,标准管理制度和工作程序需要进一步完善。

(3)中外食品标准对比

①中外食品标准差异。

我国与美国等世界发达国家相比,由于经济发展水平与具体国情不同,在食品标准技术水平、管理体制和政策措施等方面存在着一定的差异。主要表现在:

A.我国食品标准中,农(兽)药残留限量指标不仅少于国际标准和世界发达国家标准,而且指标设置不科学,不能与国际接轨。

特别是近年来,欧盟的农(兽)药残留指标不断修订和增加,指标量已达到近3万,而且对很多低毒、低残留的农药也制定了很严格的限量,很大一部分是以最先进的仪器检测限作为限量标准,给一些发展中国家农产品出口欧盟造成了很大障碍。我国制定的标准数量和种类与发达国家相差较大,并且我国现有的农药和兽药残留限量标准数量远远不够,残留限量标准体系不健全。如国际食品法典委员会对176种食品中规定了2439项农药和兽药最高残留限量标准,我国蔬菜农残限量指标只是CAC的7.0%,涉及的农药种类只是CAC的35.6%。美国在蔬菜上制定了802个限量指标,涉及农药种类165个,我国蔬菜农残限量指标只是美国的7.2%,涉及的农药种类只是美国的31.5%。在我国现行的分析方法标准中,大多数都是用常规的重量法、容量法或比色法。这些方法普遍存在操作流程长、费工费时、对假冒伪劣食品特别是恶意掺假的食品辨别能力差,不能满足对微量成分的分析要求等问题。同时,对农产品的监控主要是针对安全卫生指标,这些指标多是以微量、痕量水平存在的,很难用常规的分析手段进行检测。

B.对国际标准的重视和主动参与程度不够。

由于我国科技水平的发展与世界发达国家相比仍有一定的差距,导致相关标准的制定受到限制。我国食品及其加工产品的质量标准偏重国内市场,较少采用国际标准和国外先进标准,滞后于国际食品贸易的需要,突出反映在:一是缺少必要的技术内容,二是已有的技术标准内容落后。我国在主要农畜产品及其加工产品质量安全标准方面严重滞后于国际同类标准,导致农畜产品及其加工产品的国际竞争能力不强。

C.标准的制定没有根据食品产业链条上下游协调的原则进行配套,整个食品链的质量安全控制标准之间缺乏有机的衔接。

世界发达国家和国际组织利用其先进的科学技术及强大的国力加大对农牧业的投入,改善农牧业耕作和生产技术,提高食品原料质量,以食品链全程质量安全控制的理念指导食品标准的制定,从而有效地保证食品安全。我国食品生产、加工和流通环节所涉及的原料标准、产地环境标准、生产过程控制标准、产品标准、加工过程控制标准及物流标准的配套性虽已有所改善,但整体而言还没有形成链条配套,使得食品生产全过程安全监控缺乏有效的技术指导和技术依据。

D.标准制定不配套,缺乏协调性。

食品涉及农业、轻工、商业、供销、粮食、卫生、质检等多个部门,由于各部门之间缺乏协调,同一对象存在两项或两项以上标准的现象时有发生,行业标准与国家标准交叉、重复,甚至矛盾,形成了一个内容多个标准、多种要求、多方管理的局面,这样的结果严重影响了标准的实施和食品安全的监管。

②国际食品标准对我国食品标准制修订的借鉴。

国际食品法典委员会是一个由联合国粮农组织和世界卫生组织共同设立的政府间国际食品标准机构。在食品安全领域中,CAC 的标准被世界贸易组织在《实施卫生与植物卫生协定》中认可为解决国际食品贸易争端的依据之一,而成为世界贸易组织在食品安全领域唯一认可的国际标准。因此,研究和运用食品法典标准,对于构建我国自主完善的食品安全标准体系具有重要的意义。

A.灵活运用食品法典标准。

在我国有自主科学数据的领域,应坚持应用风险分析的原则,自主地建立食品安全标准,以确保消费者的健康保护水平。在我国缺乏相关基础数据的情况下,积极采纳WHO/FAO及相关公认的风险评估结果和科学数据,建立适合本国的风险管理措施。在上述情况均不能保证的情况下,合理采用国际食品法典标准,并加强对国际法典标准制定的参与力度,尽最大可能使法典标准符合本国的利益。

B.重视和优先考虑基础标准。

在构建我国食品安全标准框架之初,应当把基础标准放在首要的位置,通过建立科学合理的食品产品分类体系与基础标准相结合,从整体上控制食品安全。食品中污染物限量、农药和兽药残留限量、食品添加剂的使用范围和最大使用量、食品中致病微生物的允许水平、食品接触材料中化学物的迁移限量等这些基础标准几乎涵盖了食品最终产品安全指标的所有方面。世界各国均十分重视这些基础标准的建立和完善工作。

C.提高各类生产规范的综合性和可行性。

鉴于食品生物污染方式的多样性和缺乏微生物定量风险评估的数据支持,国际食品法典委员会一向倡导采用过程控制的方式控制食品产品的微生物污染。此外,以生产规范的形式,规定一套科学合理的生产加工方式,也已成为预防和降低食品中各类化学污染的重要措施。目前国际食品法典中已经包括了 69 项预防和控制各种食品污染的生产过程规范,涵盖了生物污染、生物毒素、外源性化学污染物、加工中产生的污染物等方方面面。这些规范的重要指导思想是:采取食物链的全程控制原则,对一种食品的生产从种养殖环节开始直至销售到消费者手中之前的所有环节均提出相应的控制措施。种植养殖业的源头污染问题、食品生产加工过程中的过程控制问题是我国目前食品安全的两大突出环节。而对最终产品抽检进行控制往往为时已晚,属于落后的终端管理手段,而各类生产规范的推广和执行才是治本的控制措施。

D. 积极借鉴和采纳检验方法类标准。

检验方法类标准是标准体系的重要组成部分,是验证基础标准和产品标准是否得到执行的重要手段。目前我国在检验方法类标准方面仍然存在很大缺口,如食品添加剂的检验方法、各类农药兽药残留的检验方法等,需要加快完善这些标准的进度。在充分考虑各类检验方法与技术指标之间的适用性的基础上,通过一定的判定原则,尽可能地采纳国际标准化组织、美国化学家分析协会(Association of Official Analytical Chemists,AOAC)等公认有效的方法,从而为我国快速建立一套较完善的食品检验方法标准体系。

E. 逐步纳入对食品中营养方面的要求。

营养是食品安全领域的重要组成部分,在我国目前尚未对营养立法的情况下,系统地建立一套营养领域的标准和规范,有助于解决营养和特殊膳食用食品领域的标准化问题。国际食品法典通过营养与特殊膳食委员会、食品标签委员会等对食品的营养要求进行规范,开展了大量卓有成效的工作,其工作方式可以为我国所借鉴。

F. 加强标准制修订所需的监测及评估工作能力建设。

风险评估是建立标准的科学基础,我国应当有所侧重地加强风险评估的能力建设。一方面加强风险评估理论与方法的培训和应用,另一方面充分利用国际公认的评估结果,将有限的经费投入到我国居民风险因素的膳食暴露评估工作中,进而开展一些特殊领域的毒理学评价等基础研究。开展风险评估必须以我国各类食品污染的监测数据为基础。

(4)采用国际标准

①概述。

采用国际标准,是指将国际标准的内容,经过分析研究和试验验证,等同或修改转化为我国标准(包括国家标准、行业标准、地方标准和企业标准),并按我国标准审批发布程序审批发布。

国际标准(international standard),是指国际标准化组织、国际电工委员会和国际电信联盟(International Telecommunication Union,ITU)以及 ISO 确认并公布的其他国际组织制定的标准。

国际标准以其先进性和科学性而得到世界贸易组织认可,并被指定为国际贸易和争端解决的技术依据,是世界各国进行贸易的基本准则和基本要求。采用国际标准协调国际贸易中有关各方的要求,减少和避免造成贸易中的各种技术壁垒,使本国的产品或服务更容易打入和占领国际市场。为此,各发达国家都投入巨大的人力、财力,积极采用国际标准,研究掌握和主动参与国际标准的制修订工作,以促进本国食品国际贸易,保证食品安全。

早在20世纪80年代初,英、法、德等国家采用国际标准已达80%,日本国家标准有90%以上采用国际标准,美国目前采用国际标准的范围更广,某些标准甚至高于现行的CAC标准水平。

采用国际标准是我国的一项重大技术经济政策,是促进技术进步、提高产品质量、扩大对外开放、加快与国际惯例接轨的重要措施。我国《标准化法》中有"国家鼓励积极采用国际标准"的规定。

2001年,国家质检总局发布了《采用国际标准管理办法》,其目的是减少技术性贸易壁垒和适应国际贸易的需要,提高我国产品质量和技术水平,促进采用国际标准工作的开展。《采用国际标准管理办法》的制定,参照了世界贸易组织和国际标准化组织的有关规定,并结合了我国的实际情况。《采用国际标准管理办法》明确规定了促进采用国际标准的措施。对于采用国际标准的重点产品,需要进行技术改造的,有关管理部门应当按国家技术改造的有关规定,优先纳入各级技术改造计划。在技术引进中,要优先引进有利于使产品质量和性能达到国际标准的技术设备及有关的技术文件。对于国家重点工程项目,在采购原材料、配套设备、备品备件时,应当优先采购采用国际标准的产品。各级标准化管理部门应当及时为企业采用国际标准提供标准资料和咨询服务。各级科技和标准信息部门应当积极收集、提供国际标准化的信息及有关资料,并开展咨询服务,为企业提供最新的标准信息。对采用国际标准的产品,按照《采用国际标准产品标志管理办法》的规定实行标志制度。

②国家标准与国际标准的一致性程度。

根据《标准化工作导则 第2部分:以ISO/IEC标准化文件为基础的标准化文件起草规则》(GB/T 1.2—2020),国家标准与相应国际标准的一致性程度分为等同、修改和非等效三种。

A.等同。

指国家标准与相应国际标准的技术内容和文本结构相同,但可以包含最小限度的编辑性修改。所谓编辑性修改,是指国家标准对国际标准在不变更标准技术内容条件下允许的修改。在"等同"条件下,符合国家标准就意味着符合国际标准。

B.修改。

指国家标准与相应国际标准之间存在技术性差异,并且这些差异及其产生的原因被清楚地说明;或者文本结构变化,但同时有清楚的比较。

C.非等效。

指国家标准与国际标准的技术内容和文本结构不同,同时这种差异在国家标准中没有被清楚地说明。非等效还包括在国家标准中只保留了少量或不重要的国际标准条款的情况。与国际标准一致性程度为"非等效"的国家标准,不属于采用国际标准。

③采用国际标准的方法。

采用国际标准的方法包括翻译法和重新起草法。

A. 翻译法。

翻译法是指依据相应国际标准翻译成国家标准,而做最小限度的编辑性修改。采用翻译法的国家标准可做最小限度的编辑性修改,如果需要增加资料性附录,应将这些附录置于国际标准的附录之后,并按条文中提及这些附录的先后次序编排附录的顺序。等同采用国际标准时,应使用翻译法。

B. 重新起草法。

重新起草法是指在相应国际标准的基础上重新编写国家标准。采用重新起草法的国家标准如果需要增加附录,每个增加的附录应与其他附录一起按在标准条文中提及的先后顺序进行编号。修改采用国际标准时,应使用重新起草法。

国家标准等同采用 ISO 标准和(或)IEC 标准的编号方法是将国家标准编号与 ISO 标准和(或)IEC 标准编号结合在一起的双编号方法。具体编号方法为将国家标准编号及 ISO 标准和(或)IEC 标准编号排为一行,两者之间用一条斜线分开。

示例:GB/T 19001—2016/ISO 9001：2008

双编号在国家标准中仅用于封面、页眉、封底和版权页上。

3.食品基础标准

食品基础标准是指在食品领域具有广泛的适用范围,涵盖整个食品或某个食品专业领域内的通用条款的标准。食品基础标准可直接应用,也可作为其他标准的基础。食品基础标准主要包括通用食品术语、图形符号类标准,食品分类标准,食品安全检验方法标准等。

(1)食品术语、图形符号类标准

①食品术语标准。

术语是在特定学科领域用来表示概念称谓的集合,是通过语言或文字来表达或限定科学概念的约定性语言符号,是思想和认识交流的工具。术语标准是以各种专用术语为对象所制定的标准,通常带有定义,有时还附有注、图、示例等。术语标准中一般规定术语、定义(或解释性说明)和对应的外文名称。标准化术语区别于一般术语的重要特征在于其使用意义上的精确性。

术语标准化的主要内容是概念、概念的描述、概念体系、概念的术语和其他类型的定名、概念和定名之间的对应关系。术语标准化的目的在于分清专业界限和概念层次,从而正确指导各项标准的制定和修订工作。因此,术语标准化的重要任务之一是建立与概念体系相对应的术语体系。专业学科和一定专业领域的概念,构成一个概念体系,与之相对应的术语,在专业学科和一定专业领域也需要构成一个术语体系。把一定范围内的术语,按其内在联系形成科学的有机整体，经过对其选编、注释、定义，形成人们普遍接受的一套专门用语，即人们通常称谓的术语集。术语标准化的另一个任务，是对陈旧落后、阻碍科技进步的原有术语进行清理、修订，重复的要删除，混乱、交叉的要进行统一。

食品术语标准是食品行业发展和科技进步的重要基础标准。食品术语标准的制定及其标准化是当代食品行业发展和国际贸易的需要，也是信息技术兴起的需要。和其他术语一样，食品标准中的术语表现形式有两种：一是制定成一项单独的术语标准或单独的部分；二是编制在含有其他内容的标准中的"术语和定义"一章中。

②食品图形符号类标准。

图形符号是指以图形为主要特征，用以传递某种信息的视觉符号。图形符号跨越语言和文化的障碍，达到世界通用的效果。符号代表的含义比文字丰富，图形符号是自然语言外的一种人工语言符号，具有直观、简明、易懂、易记的特点，便于信息的传递，使不同年龄、具有不同文化水平和使用不同语言的人都容易接受和使用。按应用领域可将其分为标志用图形符号（公共信息类）、设备用图形符号和技术文件用图形符号三类。与术语一样，图形符号是人类用来刻画、描写知识的最基本的信息承载单元，与我们的日常生活密切相关。术语标准体系和图形符号标准体系属于标准体系中的两大分支，是各行业、各领域开展标准化工作的基础。

（2）食品分类标准

食品分类的标准化是食品行业发展和技术进步的基础，它的基础性功能体现在以下几方面：

①食品分类标准是规范市场的工具，是食品生产监督管理部门对食品生产企业进行分类管理、行业统计、经济预测和决策分析的重要依据，也是进行消费者调查的重要工具。

②食品分类标准是食品安全风险暴露评估的依据，是食品安全标准的标准。

③食品分类标准是进行国家和地区膳食评估比较的依据。

④建立食品分类标准并使之与国际接轨是国际贸易发展和信息化的需要，缺乏统一认可的食品分类标准，会给国际食品贸易和安全信息交流带来困难。

因食品分类的目的、原则和方法各异，其分类结果也大不相同。食品分类标准应当在逻辑上是严密的，在用语上是规范的，在操作上是直观的。既要体现食品行业的学科属性，具有完整性和系统性的特点，又要强调食品分类的社会实用性。

（3）食品安全检验方法标准

食品安全检验方法标准是指对食品的质量安全要素进行测定、试验、计量、评价所作的统一规定，主要包括食品理化检验方法标准、食品微生物学检验方法标准、食品安全性毒理学评价程序与方法标准等。

①食品理化检验方法标准。

食品理化检验主要是利用物理、化学、仪器等分析方法对各类食品中的营养成分、特征性理化指标、添加剂，以及重金属、真菌毒素、农药残留、兽药残留等有毒有害化学成分进行检验。

物理检验是对食品的一些物理特性的检验,如密度、折光度、旋光度等;化学检验是以物质的化学反应为基础,多用于常规检验,如蛋白质、脂肪、糖等营养成分的检验;仪器分析是利用大型精密仪器来测定物质的含量,多用于微量成分或食品中有害物质的分析,如重金属、农药、兽药残留量检测等。

②食品微生物学检验方法标准。

食品微生物学检验是为了正确而客观地揭示食品的安全卫生情况,加强食品安全管理,保障人们的健康,并对防止某些食源性传染病的发生提供科学依据。

主要检测对象包括食品中的菌落总数、大肠菌群、特征微生物、致病菌等。

目前我国已颁布的食品微生物学检验方法标准为 GB 4789、GB/T 4789 系列标准共 42 项,其中推荐性标准 11 项、强制性标准 31 项。如《食品安全国家标准　食品微生物学检验　总则》(GB 4789.1—2016)规定了食品微生物学检验基本原则和要求。该标准从实验室基本要求(包括环境、人员、设备、检验用品、培养基和试剂、菌株)、样品的采集、样品检验、生物安全与质量控制、记录与报告、检验后样品的处理 6 个方面对实验室进行食品微生物学检验提出了基本要求。

③食品安全性毒理学评价程序与方法标准。

食品安全性毒理学评价是从毒理学角度对食品进行安全性评价,即利用规定的毒理学程序和方法评价食品中某种物质对机体的毒性和潜在的危害,并对人类接触这种物质的安全性做出评价的研究过程。食品安全性毒理学评价实际上是在了解食品中某种物质的毒性及危害性的基础上,全面权衡其利弊和实际应用的可能性,从确保该物质的最大效益、对生态环境和人类健康最小危害性的角度,对该物质能否生产和使用做出判断或寻求人类的安全接触条件的过程。

《食品安全国家标准　食品安全性毒理学检验方法和评价程序》(GB 15193)系列标准目前已发布 28 项标准。其中,《食品安全国家标准　食品安全性毒理学评价程序》(GB 15193.1—2014)适用于评价食品生产、加工、保藏、运输和销售过程中所涉及的可能对健康造成危害的化学、生物和物理因素的安全性,检验对象包括食品及其原料、食品添加剂、新资源食品、辐照食品、食品相关产品(用于食品的包装材料、容器、洗涤剂、消毒剂和用于食品生产经营的工具、设备)及食品污染物。

食品安全性是相对的,在进行最终的食品安全性毒理学评价时,应在受试物可能对人体健康造成的危害和其可能的有益作用之间进行权衡。以食用安全为前提,安全性评价的依据不仅是安全性毒理学试验的结果,而且与当时的科学水平、技术条件、社会经济、文化因素有关。因此,随着时间的推移、社会经济的发展、科学技术的进步,有必要对已通过评价的受试物进行重新评价。

思考题

1. 请简答标准与标准化的概念。
2. 标准化活动的基本原则有哪些？
3. 标准化的方法原理有哪些？
4. 标准体系表的编制原则有哪些？

思政小课堂

项目五　食品生产过程相关法律法规与标准

预期学习目标

1. 掌握食品生产许可管理办法的概述和要点；
2. 熟悉食品生产许可管理办法的意义和小作坊生产相关法律法规；
3. 了解食品标准的编写要求。

一、相关案例导读

案例1：胶原蛋白市场混乱催生标准出台。近日，有关胶原蛋白争议日渐白热化，就连学术界也观点不一，但不可否认的是胶原蛋白产品销售却是"畅销"，众多知名企业也纷纷踏入胶原蛋白市场。但是，在"火爆"的销售市场背后也隐藏着概念混淆、物质来源、提取技术和夸大宣传等诸多问题。

针对乱象丛生的胶原蛋白市场，各国纷纷出台标准使市场有序竞争、有法可循。2005年由国家三胶检测中心及胶原蛋白研究的权威单位北京华达杰瑞生物技术有限公司起草了胶原蛋白的国家标准，经轻工业部校验后在2006年1月1日发布，作为全国各生产单位可参照的行业标准。对胶原蛋白的定义和市场标准、检验方法做出了明确规定。除了国家标准，我国还要求每一个胶原蛋白制品企业都制定相应的企业标准，美国的ASTM标准化委员会也于2002年推出了《关于Ⅰ型胶原蛋白作为外科手术用植入材料及作为组织工程基质》的标准指南。

对胶原蛋白中胶原肽效果的模糊认识，导致相关产品在物质功效、提取工艺等方面存在根本的概念混淆。胶原蛋白的市场混乱主要包括产品定性、物质来源、提取技术等介绍不明确。产品属于胶原蛋白、胶原肽还是明胶，提取自猪皮、牛皮还是鱼皮（三文鱼、鳕鱼等），这些关键信息在产品包装上没有明确标识，导致出现问题时企业打太极，消费者也一头雾水。胶原蛋白、胶原肽可能具有的功效研究覆盖19个项目，我国政府已验证其中3项，分别是保护皮肤水分、增加骨密度、增强免疫力。

中国食品发酵工业研究院院长蔡木易指出，许多企业在生产和品牌宣传中，没有厘清这些基本内涵，将胶原蛋白与胶原肽混为一谈，造成了市场的混乱和消费者认识不清。他认为，生产者应明确标识，消费者要合理选择，政府再加强监管力度，澄清混乱的认识，还给胶原蛋白产业一个清白。

有专家学者认为，市场混乱不仅需要政府出台标准，专家、学者在专业研究领域也要做好科普，引领企业规范生产和宣传，引领消费者正确选用合适的产品。（案例来源：北京晨报）

讨论：你认为标准在市场经济运行中起到什么作用？建立标准有何意义？

案例2：2016年3月17日—10月9日，原告在被告处购买了鱼专家黄金鱿鱼丝，共计花费人民币 3785 元。该食品预包装袋载明食品添加剂有琥珀酸二钠和甘氨酸;生产商为青岛某有限公司,产品执行标准 Q/TXS0003S 属于该企业标准。该标准规定食品应含有辅料"玉米油"成分,而预包装袋上未标明"玉米油"。国家卫生和计划生育委员会 GB 2760—2014《食品安全国家标准 食品添加剂使用标准》,规定食品添加剂琥珀酸二钠的允许使用范围为调味品;食品添加剂甘氨酸的允许使用范围包括预制肉制品、熟肉制品、调味品、果蔬汁(浆)类饮料、植物蛋白饮料。涉案产品属于熟制水产品,不在上述食品添加剂的允许使用范围。涉案食品也未按企业标准添加"玉米油"。(案例来源:搜狐网)

讨论:你认为企业标准在企业生产中起到什么作用? 如何建立企业标准?

案例 3:3 月 9 日,长治市市场监管综合行政执法队接到市局 12315 投诉举报中心的案件线索:埝北庄南寨村某作坊无营业执照加工肉制品。蹇剑波队长立即安排食品生产稽查大队对该加工点无证生产情况进行执法检查。

执法人员在检查现场发现该加工点处于未生产状态。经营者现场提供了《营业执照》,未能提供《食品小作坊许可证》。执法人员在该加工点冷藏室发现成品猪皮冻 23 盒。根据相关法律法规,执法人员对涉案物品予以查封扣押,并下达责令改正通知书,责令该单位停止生产销售违法产品,限期办理相关的食品生产许可证件,目前案件正在进一步查处、调查中。(案例来源:长治市市场监督管理局微信号)

讨论:试思考我国实施食品生产许可的意义与作用? 如何申请食品生产许可?

二、《食品生产许可管理办法》

(一)《食品生产许可管理办法》概述和意义

1.《食品生产许可管理办法》概述

为加强对食品企业生产的管理,我国于 2003 年 7 月 18 日公布施行了《食品生产加工企业质量安全监督管理办法》,办法规定:从事食品生产加工企业的公民、法人或其他组织,必须具备保证食品质量安全的基本条件,按规定程序获得食品生产许可证,方可从事食品生产;没有取得食品生产许可证的企业不得生产食品,任何企业和个人不得销售无生产许可证的食品。2009 年 6 月 1 日实施的《食品安全法》中规定了实施食品生产许可管理制度,并进一步明确和细化了食品生产许可的职责范围和管理方式。2015 年 10 月 1 日实施的《食品生产许可管理办法》第 2 条规定:在中华人民共和国境内,从事食品生产活动,应当依法取得食品生产许可。最新的《食品生产许可管理办法》已于 2019 年 12 月 23 日经国家市场监督管理总局 2019 年第 18 次局务会议审议通过,现予公布,自 2020 年 3 月 1 日起施行。

2.《食品生产许可管理办法》的意义

新《食品生产许可管理办法》按照预防为主、科学管理、明确责任、综合治理的指导思想,进一步明确了食品许可证的责任、义务、程序、范围,对食品安全监督管理提出了更高的要求,从根本上提升了食品安全保障机制的水平,对依法规范食品生产经营活动,切实增强食品安全监管工作的规范性、科学性、有效性,保障人民群众身体健康与生命安全具有重大意义。实施食品许可证制度可以有效解决当前食品质量安全的突出问题。

(二)《食品生产许可管理办法》要点和案例详解

1.《食品生产许可管理办法》的约束范围

在中华人民共和国境内,从事食品生产活动,应当依法取得食品生产许可。最新的《食品生产许可管理办法》中,包括了保健食品和食品添加剂。

2.一企一证原则

食品生产许可实行一企一证原则,即同一个食品生产者从事食品生产活动,应当取得一个食品生产许可证。

实行一企一证,对每一家符合条件的食品生产企业发放一张食品生产许可证,生产多类别食品的,在生产许可证副本中予以注明。

3.实施分类许可

发证单元从 28 大类增加到 32 大类。按照食品的风险程度对食品生产实施分类许可。包括一般食品、特殊食品和食品添加剂。

申请食品生产许可,可按照以下食品类别提出:粮食加工品、食用油、油脂及其制品、调味品、肉制品、乳制品、饮料、方便食品、饼干、罐头、冷冻饮品、速冻食品、薯类和膨化食品、糖果制品、茶叶及相关制品、酒类、蔬菜制品、水果制品、炒货食品及坚果制品、蛋制品、可可及焙烤咖啡产品、食糖、水产制品、淀粉及淀粉制品、糕点、豆制品、蜂产品、保健食品、特殊医学用途配方食品、婴幼儿配方食品、特殊膳食食品和其他食品等。

4.申请主体范围扩大、有效期延长

企业法人、合伙企业、个人独资企业、个体工商户等,以营业执照载明的主体作为申请人。将食品生产许可证书由原来的 3 年有效期延长至 5 年。

食品生产许可证应当载明:生产者名称、社会信用代码、法定代表人(负责人)、住所、生产地址、食品类别、许可证编号、有效期、发证机关、发证日期和二维码。

5.明确各项工作办理时限

受理告知时限 5 个工作日;

现场核查时限 5 个工作日;

许可决定时限 10 个工作日;

最多延长时限 5 个工作日;

发放证书时限 5 个工作日;

申请听证时限 5 个工作日;

组织听证时限 20 个工作日;

变更申请时限 10 个工作日;

延续申请时间 30 个工作日前;

延续办理时限有效期届满前;

申请注销时限 20 个工作日。

6.许可证编号规则

食品生产许可证编号由 SC("生产"的汉语拼音字母缩写)和 14 位阿拉伯数字组成。数字从左至右依次为:3 位食品类别编码、2 位省(自治区、直辖市)代码、2 位市(地)代码、2 位县(区)代码、4 位顺序码、1 位校验码。

按照新的《食品生产许可管理办法》要求,2018 年 10 月 1 日及以后生产的食品,一律不得继续使用原包装、标签及"QS"("企业生产许可"的标识)标志,这也表明"QS"正式退出了历史舞台。

7.特殊食品和地方特色食品

保健食品、特殊医学用途配方食品、婴幼儿配方食品、婴幼儿辅助食品、食盐等食品的生产许可,由省、自治区、直辖市市场监督管理部门负责。

省、自治区、直辖市市场监督管理部门可以根据本行政区域食品生产许可审查工作的需要,对地方特色食品制定食品生产许可审查细则,在本行政区域内实施,并向国家市场监督管理总局报告。国家市场监督管理总局制定公布相关食品生产许可审查细则后,地方特色食品生产许可审查细则自行废止。

【案例分析】

某县市场监管局执法人员在检查中发现,A 食品生产企业的食品生产许可类别为"蜜饯",但企业却在生产蜜饯产品的同时,还超出许可类别生产配料表标注为"黑芝麻、芝麻油、淀粉"的糕点(黑芝麻糕)。

执法人员在检查时,给出了处理意见:涉案企业已经取得了食品生产许可证,只是超出许可食品类别生产食品,属于食品类别事项发生变化而未申请变更。根据 2015 年 10 月 1 日起施行的新《食品生产许可管理办法》(原食药监督局令第 16 号)第三十二条规定,食品生产许可证有效期内,现有工艺设备布局和工艺流程、主要生产设备设施、食品类别等事项发生变化,需要变更食品生产许可证载明的许可事项的,食品生产者应当在变化后 10 个工作日内向原发证的食品药品监督管理部门提出变更申请。《食品生产许可管理办法》第五十四条规定,违反本办法第三十二条第一款规定,食品生产者工艺设备布局和工艺流程、主要生产设备设施、食品类别等事项发生变化,需要变更食品生产许可证载明的许可事项,未按规定申请变更的,由原发证的食品药品监督管理部门责令改正,给予警告;拒不改正的,处 2000 元以上 1 万元以下罚款。

三、食品生产加工小作坊及相关法律法规

(一)食品生产加工小作坊的定义

GB/T 23734—2009《食品生产加工小作坊质量安全控制基本要求》中对食品生产加工小作坊作出定义:依照相关法律、法规从事食品生产,有固定生产场所,从业人员较少,生产加工规模小,无预包装或者简易包装,销售范围固定的食品生产加工(不含现做现卖)的单位或个人。

(二)食品生产加工小作坊负面清单

对于一些地方特色食品,如浙江余杭的蜜饯、富阳的豆制品、临安的笋干等具有地方性的特产常常受到地方百姓和全国游客的喜爱,但这些产品大多具有地方特色,无较大的生产规模,往往以食品生产加工小作坊形式出现。但由于食品生产加工小作坊生产空间小,从业人较少,生产加工条件较正常食品工厂低,往往在上市过程中出现食品质量安全问题。

目前尚无国家层面食品生产加工小作坊负面清单。为确保当地食品生产加工小作坊生产的食品质量安全,全国各地纷纷出台相关文件,如杭州市市场监管局发布"负面清单",主要为乳制品、肉制品、调味品、罐头食品、特殊膳食食品等12大类食品,而其他传统食品均可申报食品生产加工小作坊,对符合小作坊生产条件的予以登记建档,统一纳入日常监管的范畴。

河北省也于2016年7月1日起对小作坊实施管理,要求小作坊不得生产加工乳制品、速冻食品、酒类(白酒、啤酒、葡萄酒及果酒等)、罐头、饮料、保健食品、特殊医学用途配方食品、婴幼儿配方食品、婴幼儿辅助食品、果冻、食品添加剂等产品;小餐饮不得经营裱花蛋糕、生食水产品等;小摊点不得销售散装白酒、食品添加剂、保健食品、特殊医学用途配方食品、婴幼儿配方食品、婴幼儿辅助食品等法律、法规禁止经营的高风险食品。

因此,在生产地方特色食品或从事小规模食品生产时,一定要学习食品相关法律法规,注意了解当地食品生产加工小作坊的相关规定,避免违法违规生产不安全食品。

四、食品标准的编写实例

企业标准化是一切标准化的支柱和基础,搞好企业标准化对于提高企业管理水平具有重要意义。通过实施标准化管理,能够把企业生产全过程的各个要素和环节组织起来,使各项工作活动达到规范化、科学化、程序化,建立起生产、经营的最佳秩序。企业标准体系的构成,以技术标准为主体,包括管理标准和工作标准。随着全球经济一体化和贸易自由化的进一步加深,中国加入WTO后,企业拥有更多的机会参与国际竞争,但是参与竞争的条件之一就是遵循国际上现行的技术和贸易标准。同时,大量的跨国集团公司进入中国市场,也为企业起到了采用和制定先进技术标准的示范作用。中国作为世界贸易组织的成员之一,我国企业有机会了解国际上相关产业发展的最新动向,参与国际标准化活动和参与国际标准的制定工作,从而为突破他国的技术壁垒提供途径。

（一）企业标准体系

企业为实现确定的目标，将其生产（服务）、经营、管理全过程需要实施的标准，运用系统管理的原理和方法，将相互关联、相互作用的标准化要素加以识别，建立标准体系并进行系统管理，有利于发挥标准化的系统效应，有助于企业提高实现目标的有效性和效率。

企业应按 GB/T 15496—2017《企业标准体系　要求》、GB/T 15497—2017《企业标准体系　产品实现》、GB/T 15498—2017《企业标准体系 基础保障》的要求建立企业标准体系，加以实施，并持续评审与改进其有效性。

建立企业标准体系应符合以下要求：

①企业标准体系应以技术标准体系为主体，与管理标准体系和工作标准体系相配套。

②应符合国家有关法律、法规，实施有关国家标准、行业标准和地方标准。

③企业标准体系内的标准应能满足企业生产、技术和经营管理的需要。

④企业标准体系应在企业标准体系表的框架下制定。

⑤企业标准体系内的标准之间应相互协调。

⑥管理标准体系、工作标准体系应能保证技术标准体系的实施。

⑦企业标准体系应与其他管理体系相协调并提供支持。

1.企业标准化基本要求

（1）企业标准化的基本概念

企业标准是指为在企业的生产、经营、管理范围内获得最佳秩序，对实际的或潜在的问题制定共同的和重复使用的规则的活动。上述活动尤其要包括建立和实施企业标准体系，制定、发布企业标准和贯彻实施各级标准的过程。标准化的显著好处是改进产品、过程和服务的适用性，使企业获得更大的成功。企业标准体系是指企业内的标准按其内在联系形成的科学的有机整体。

（2）企业标准化的作用

①重视标准化管理是维护企业利益的需要。标准是企业在参与市场竞争中扬己之长、克己之短的有效技术手段，是国际贸易中激烈竞争的"技术壁垒"，没有标准，或标准出现偏差，或有标准但不严格执行，不仅会使企业蒙受巨大的经济损失，更会影响到产品的声誉和国家的国际形象。

②重视标准化管理是维护消费者合法权益的需要。保障产品质量实质上就是维护消费者的切身利益。

③重视标准化管理是支撑技术创新的需要。技术创新要真正取得实效，离不开标准和标准化工作。技术创新的根本目的是要使具有自主知识产权的核心技术、专利技术实现产

业化、商品化。在此过程中制定相应的标准并保证标准的贯彻与落实是必要条件之一。否则,创新成果在转化过程中就会变形、走样,就无法实现产业化。

④企业的标准化活动可使企业生产、经营、管理活动的全过程保持高度统一和高效率地运行,从而实现获得最佳秩序和经济效益的目的。

(3)企业标准化的主要内容

企业开展标准化活动的主要内容是建立、完善和实施标准体系,制定、发布企业标准,组织实施企业标准体系内的有关国家标准、行业标准、地方标准和企业标准,并对标准体系的实施进行监督、合格评价和评定并分析改进。推行标准化管理,使每一项工作、指标、制度、方案、细则,都能在质量保证的前提下具有可行性和可操作的量化指标,从而使我们的管理更加系统化、规范化。

(4)企业标准化的基本要求

根据《中华人民共和国标准化法》《企业标准化管理办法的规定》和《食品安全企业标准备案办法》,企业标准化工作的基本任务是制定企业标准、组织实施标准和对标准的实施进行监督检查。结合企业标准化工作的特点,企业标准化工作的基本要求包括:

①贯彻执行国家和地方有关标准化的法律法规、方针政策。

②建立并实施企业标准体系。

③实施国家标准、行业标准和地方标准。

④制定和实施企业标准。

⑤对标准的实施进行监督检查。

⑥采用国际标准和国外先进标准。

⑦参加国内、国际有关标准化活动。

2.企业标准体系的建立

为促进企业管理的有序化,实现企业生产、经营管理目标,对企业需要的标准按其内在联系形成科学的有机整体就是企业标准体系。

标准体系在企业最主要的作用是利用它对企业实行系统管理,因为企业本身是一个充满纵横交错关系的复杂系统,经常面临一些难以解决的系统管理问题。例如,企业的经营方针、目标怎样才能迅速准确地传达给企业的每一个成员,并且变为大家统一自觉的行动,在此期间既不靠层层开会,也不使各级领导忙于事务;企业各级领导之间、各职能部门之间都有分工,但是怎样才能解决横向协调问题,使得在工作中既不产生互相推诿,又不互相排斥、重复;企业关于产品质量、经济效益、生产效率、物质消耗、生产成本等一些目标,如何能持续稳定地提高等。要解决上述问题,必须对企业实行全面系统的管理。

企业的总目标是生产出符合标准要求的合格产品,不断提高经济效益。企业管理系统是以产品生产为中心形成的。系统结构中的每个环节都是在总目标下相互联系的环节。各环节相互衔接、相互联系、相互依赖,成为总体目标串起来的统一整体。每个环节都包含着人、财、物、事等要素,有着任务、要求、手段、方法、程序等彼此联系的重复性活动。各个环节的任务、要求都是由企业的总目标层层分解而来的。将各环节相互衔接、相互联系、相互依赖的重复性活动制定成标准(即法律规范的一种形式),继而形成企业标准体系,这样才可以有效地保证企业总目标的实现。

所以,建立企业标准体系有利于对企业实行全面和系统的管理,用标准体系管理企业是对企业实行整体管理的基本手段。

(1)企业标准体系的总要求

企业标准化是一个制定标准、实施标准、合格评定、分析改进,以及再修订标准的动态过程,这个过程是通过持续改进来实现的。持续改进是企业标准化追求的永恒目标。

企业标准体系具有目的性、集成性、层次性和动态性等基本特征。与企业标准体系建立和运行相关的国家标准有 GB/T 15496—2017《企业标准体系 要求》、GB/T 15497—2017《企业标准体系 产品实现》、GB/T 15498—2017《企业标准体系 基础保障》、GB/T 19273—2017《企业标准化工作 评价与改进》和 GB/T 13017—2018《企业标准体系表编制指南》。

(2)企业标准体系的组成

企业标准体系包含技术标准、管理标准和工作标准 3 个子体系。企业标准体系是企业其他各管理体系(如经营管理、质量管理、生产管理、技术管理、财务成本管理、环境管理、职业健康安全管理、信息管理等)的基础。建立企业标准体系,应根据企业的特点充分满足其他管理体系的要求,并促进企业形成一套完整、协调配合、自我完善的管理体系和运行机制。企业标准体系内的所有标准都要在本企业方针、目标和有关标准化法律法规的指导下形成,包括企业贯彻、采用的上级标准和本企业制定的标准。

研究企业标准体系的组成,首先应对企业标准体系进行分解,即研究企业标准体系应该由哪些子系统组成或者说应该分成几个子系统,各个子系统又如何分成若干个更小的子系统。

①技术标准体系。

技术标准体系是企业组织生产、技术和经营管理的技术依据。为了与企业建立的质量体系相协调,《企业标准体系 产品实现》(GB/T 15497—2017)将技术标准体系分为两部分:一部分是与质量有关的技术标准,包括原材料、设计、工艺、设备、检验等技术标准;另一部分是安全、卫生、能源、环保、定额等技术标准。

A. 技术标准体系的定义。

技术标准体系的定义是指技术范围内的标准按其内在联系形成的科学的有机整体。它是企业标准体系的组成部分。

B. 技术标准体系的结构形式。

研究企业技术标准体系的组成,首先要研究和确定企业技术标准体系表的结构。企业技术标准体系的空间是由纵向结构和横向结构统一起来的科学有机整体。纵向结构代表技术标准体系的层次,横向结构代表技术标准体系的领域。

企业技术标准体系表的结构一般分为"层次结构"和"序列结构"。

a. 层次结构。

层次结构是以系统科学观点和系统分析方法,对一定范围内的标准进行全局分析和合理安排后而产生的结构。

层次结构有 2 个优点:一是可以使体系内的标准避免重复、遗漏等不科学、不合理的结构;二是通过层次结构的建立,可使各项标准覆盖范围明确,标准之间关系清晰,便于安排标准的宣贯程序,明确标准实施范围。当企业生产 2 个以上行业的产品时,可以采用层次结构。

b. 序列结构。

虽然层次结构有上述优点,但由于其内容全面完整、篇幅较大,不便于专项或局部管理。序列结构标准体系表是将标准按产品形成过程顺序排列起来的图表。这种结构是以产品标准为中心,由若干个相对应的方框与标准明细表所组成。因此,可采用以产品为中心的序列结构形式,以表示某一单项产品的标准配套情况和要求。它可以突出重点,不必面面俱到,这种结构主要适用于单品种生产。

②管理标准体系。

管理标准体系既可作为企业标准体系中的一个分体系,也可单独作为管理标准体系存在。GB/T 15498—2017《企业标准体系 基础保障》对管理标准体系的定义是:"企业标准体系中的管理标准按其内在联系形成的科学的有机整体。"对企业标准化领域中需要协调统一的管理事项所制定的标准被称为管理标准。

管理标准主要是针对管理目标、管理项目、管理程序和管理组织所作的规定。

管理标准可以分为管理基础标准、技术管理标准、经济管理标准、行政管理标准和生产经营管理标准。

管理标准体系采用层次结构。当企业管理层次较多时,可采用多层结构,上一管理层次的管理标准与下一层次标准体系的标准,应确保相互协调,同层次的技术标准与管理标准也应确保相互协调。

③工作标准体系。

企业的工作标准是企业标准的一个重要组成部分。企业的工作标准体系与技术标准体系和管理标准体系共同构成企业标准体系,工作标准对技术标准和管理标准的实施可起保障作用。

A. 工作标准体系的构成。

工作标准体系以与生产经营有关的岗位工作(作业)标准为主体,包括为保证技术标准和管理标准的实施而制定的其他工作标准。工作标准主要是本企业自行制定的。

工作标准是对工作责任、权力、范围、质量要求、程序、效果、检验方法、考核办法等所制定的标准。工作标准可以分成决策层工作标准、管理层工作标准和操作人员工作标准。

B. 工作标准的数量范围。

对一个企业来说,工作标准的数量范围一般应满足下列要求:

a. 决策层管理人员,每种职务都应制定工作标准。

b. 中层管理人员,一般只制定正职工作标准,副职可不制定工作标准。

c. 操作人员,岗位工作(作业)标准应按工种制定,同工种的实际工作有特殊要求的,可在标准中加以明确规定,也可以针对特殊要求单独制定工作(作业)标准。

d. 一般,管理人员的工作标准应按岗位制定,不按现时分工制定,这样可以避免因工作分工改变而修订标准。

3.企业标准体系的实施

标准的实施是整个标准化活动中十分重要的环节,标准实施的好坏直接关系到标准化的经济效果。标准实施是一项有计划、有组织、有措施的贯彻执行标准的活动,是将标准贯彻到企业生产(服务)、技术、经营、管理工作中的过程。

(1)标准实施的意义

企业标准化工作最主要的任务是实施标准,不仅要实施本企业制定的各类标准,还要实施与本企业有关的各级标准。而且实施标准的工作涉及企业生产、技术、经营、管理等各方面和管理者、操作者等各类人员,应让企业全体职工都能认识到实施标准的重要性,实施标准能给企业带来效益,以增强员工实施标准的主动性。

标准在实践中实施,才能产生作用和效益。标准化的目的是获得最佳秩序和社会效益,如果制定出大量标准而不去认真实施,是不可能获取最佳秩序和社会效益的。

标准的质量和水平,只有经过实施才能做出正确的评价。标准规定的内容、指标是否科学合理,只能通过实践来检验。

标准只有经过实施才能发现存在的问题,为修订标准提供依据。通过修订,把新的科学技术补充到标准中去,纠正标准中的不足之处,才能使标准水平不断提高。

(2)标准实施的基本原则

国家标准、行业标准和地方标准中的强制性标准和强制性条款,企业必须严格执行;不符合强制性标准的产品,禁止生产、销售和进口。实施强制性标准,是国内和国际的共同要求。

推荐性标准,企业一经采用,应严格执行。国家标准、行业标准中的推荐标准,很大一部分采用的是国际标准,标准的水平比较高。大量推荐性标准可供企业实施,采用推荐性标准是加快企业标准化工作的有效途径。

纳入企业标准体系的标准都应严格执行。

出口产品的技术要求,依照进口国(地区)的法律、法规、技术标准或合同约定执行。

(3)标准实施的程序

实施标准是一项复杂而细致的工作,涉及生产、使用、经营、管理等许多部门,在企业内涉及科研、工艺、生产、检验、供销、财务、计划等各个方面。因此,实施标准必须有组织、有计划,各方面协调一致地进行。一般来说,标准实施工作大致可分为计划、准备、实施、检查、总结五个步骤。

①编制标准实施计划。

在实施标准之前,根据实施标准的具体领域或单位的实际情况,制定出实施标准的计划。实施标准的计划包括:实施标准的方式、内容、步骤、负责人员、起止时间、应达到的要求。

在编制标准实施计划时,应考虑以下问题:

一是从总体上分析实施标准的有利因素和不利因素,确定实施的先后顺序和应采取的措施。

二是将实施标准的项目分解成若干项具体任务和要求,分配给有关部门、单位或个人,明确其职责,规定起止时间,以及相互配合的内容和要求。

三是根据所要实施标准项目的难易程度和涉及范围的大小,选择合适的实施方式。有些标准可一次铺开,全面贯彻;有些涉及范围广,又有一定难度的标准,可先行试点,然后分期组织实施。

四是要合理地组织人力,安排经费开支,既要保证工作顺利进行,又不造成浪费。

②标准实施的准备。

准备工作是贯彻标准过程中的一个重要环节,是顺利实施标准的保证。如果准备工作不好或过于简单,一旦标准实施过程中出现问题,就不能及时解决,还会影响标准实施工作。实施标准的准备工作一般是从思想、组织、技术和物资四个方面去完成。

A.思想准备。

任何一个标准的实施,都需要投入一定的人力、技术和物资,甚至涉及技术改造、设备更新等事项。因此,首先要解决认识问题,需要企业领导认识到问题解决以后,其他问题都能顺利解决。首先要使企业领导认识、了解标准的作用和意义,使他们能够重视。其次,要使标准的使用人员充分了解标准的内容和要求,掌握标准的难点,可以通过宣传、培训,使有关人员熟悉和掌握标准,并在自己的工作中去实施标准。

B.组织准备。

建立相应的组织结构,负责对标准的实施进行协调。尤其重大标准的实施往往涉及范围广,需要统筹安排和协调,需要有专门的组织机构负责。对于简单标准的实施,至少也应有专人负责。

C.技术准备。

技术准备是标准实施工作全过程的关键,要根据已编制的实施标准计划来进行,重点做好如下工作:

一是为各类人员准备实施标准所需的标准文本、相关标准、简要介绍、宣贯资料、挂图及其他图片(影像)资料等。

二是有些标准要先进行试点,在少数单位先实施,取得经验,然后再推广。

三是对实施过程中存在的技术难题,要组织力量解决,必要时进行技术改造和技术攻关。

D. 物资准备。

标准全面实施,需要有一定的物资条件作为后盾。例如实施产品标准,为能生产出符合标准的产品,需要购置新的原材料、零部件、工具、工艺设备、测量装置等。

③标准实施。

依据技术标准、管理标准、工作标准的不同要求和特点,在做好准备工作的基础上,由各部门分别组织实施有关标准。企业各有关部门应严格实施标准。企业在贯彻实施国家标准、行业标准和地方标准中遇到的问题,应及时与标准批准发布部门或标准起草单位沟通。

④标准实施的检查。

检查工作是标准实施过程中不可缺少的环节。通过检查,可以发现标准实施过程中存在的问题,以便及时采取纠正措施;同时,通过检查,还可以发现标准本身存在的问题,为以后的标准修订工作积累依据。

⑤标准实施的总结。

在标准实施工作告一段落时,应对标准实施情况进行全面总结,特别是对存在的问题、采取了哪些措施及取得的效果进行分析和评价。总结工作主要包括五个方面:技术方面、方法方面、标准实施过程中遇到的问题和意见、对下一步实施工作的改进,以及对标准的修改意见和建议。

(4)标准实施的监督检查

对标准实施的监督检查是指对标准贯彻执行情况进行监督、检查和处理的活动,是促进标准贯彻执行的有效手段,也是提高产品(服务)质量和经济效益的一种措施,是标准化工作的重要组成部分。

标准实施监督检查主要包括:各级政府标准化行政主管部门及有关行政主管部门依法对标准贯彻执行情况的监督检查和企业自身的监督检查。企业对其标准实施的监督检查,是整个企业标准化工作的重要环节。通过监督检查可以全面了解标准实施情况,发现问题,以便对不执行标准的单位和个人进行督促。

①监督检查的内容。

企业对标准实施的监督检查,应包括企业所实施的所有标准的监督检查,既包括新贯彻实施的标准,也包括正在企业执行的标准。企业监督检查的内容如下:

A. 已实施的标准贯彻执行情况。

B. 企业内技术标准、管理标准和工作标准贯彻执行情况。

C. 企业研制新产品、改进产品、技术改造、引进技术和设备是否符合标准化法律、法规、规章和强制性标准的要求。

②监督检查的管理体制。

企业标准实施的监督检查还没有形成统一的管理体制,采取什么样的管理体制,对这项工作能不能顺利开展有很大的关系。目前,在企业内部对标准实施监督检查的工作没有普遍开展起来,这与缺乏健全的监督检查管理体制有很大的关系。为解决这个问题,企业内应采用统一领导和分工负责相结合的管理体制。所谓统一领导,就是由经理(或厂长)直接领导标准实施监督检查工作,或由经理(或厂长)指定专人(总工或副厂长)领导,由标准化机构统一组织、协调、考核。分工负责,就是指各有关部门按专业分工,对与本部门有关的标准实施情况进行监督检查。

③监督检查的方式。

企业在生产、经营、管理活动中贯彻执行各类标准,对这些标准实施监督检查的方式有以下几种做法:

对产品标准(包括原材料、零部件、元器件、外构件、外协件、半成品等),由企业质量检验机构、采购部门等按照有关标准规定的技术要求、试验方法、检验规则进行监督检查和处理。通过监督检查,要做到企业生产的产品在出厂时全部达到相关的标准要求,做到不合格的产品不出厂。对原材料、零部件、元器件、外构件、外协件等,要按标准实施进厂检验,做到不符合标准的原材料、零部件、元器件、外构件、外协件等不投入生产。

对生产过程和各项管理工作实施有关技术标准和管理标准情况的监督检查。可按专业分工和标准化机构的要求进行,并对违反标准的行为进行纠正和处理。

对各部门工作标准执行情况的监督检查。工作标准由企业领导组织考核各类人员岗位工作标准执行情况,由所在部门的负责人组织考核工作标准,考核结果应与企业的奖罚制度挂钩。

标准化审查,是指企业对新产品研制、老产品更新改进、技术改造,以及技术引进和设备进口过程中是否认真贯彻了国家有关标准化法律、法规、规章和强制性标准的要求而进行的监督检查工作。标准化审查是标准实施监督检查的一项重要任务,应由企业标准化机构统一组织有关部门一起进行检查。

(二)企业标准的编写

1.标准制定的基本要求

标准制定是指对需要制定为标准的项目,编制制定计划、组织草拟、审批、编号、批准发布、出版等活动。制定标准是一项涉及范围广,技术性、政策性很强的工作,必须以科学的态度,按照规定的程序进行。标准编写人员在起草标准之前,必须清楚了解制定标准必须遵循的基本原则及有关法规要求,只有这样才能使制定出的标准真正起到应有的作用。

(1)基本要求

①要保证标准在其范围规定的界限内力求完整。

在标准所划定的界限内,必须对所需要的内容规定力求尽量完整。不能只规定部分内容,其他需要规定的内容却没有规定进去,这样的标准不利于标准的实施和监督,也可以说是标准制定工作的一大失误。

②要清楚、准确，力求相互协调。

标准的条文要做到逻辑性强，用词切勿模棱两可，防止不同的人从不同的角度对标准内容产生不同的理解。起草标准时不仅要考虑标准本身的清楚、准确，还要考虑到与有关标准或一项标准的不同部分之间的相互协调。另外，还要考虑与国家有关法律法规或文件相协调。

③充分考虑最新技术水平。

在制定标准时，必须考虑科学技术发展的最新水平。如在 20 世纪 60 年代，杀虫剂六六六（六氯环己烷）和 DDT（双对氯苯基三氯乙烷）在控制农作物病虫害方面发挥了重要作用，提高了农作物产量。但随着科学技术的发展和进步，人们发现六六六、DDT 的残留量对人体危害性很大，我国在 1983 年已经禁止在农产品上使用六六六、DDT 等农药。因此，在农产品质量标准中应考虑其残留量的问题，确保农产品的安全，保护消费者的身心健康。

④为未来技术发展提供框架。

起草标准时，不但要考虑当下的"最新技术水平"，还要为将来的技术发展提供框架和发展余地。只有这样才不会阻碍相应技术的发展，为标准化提供充分的发展空间。

（2）标准编制的统一性

统一性是指在每项标准或每个系列标准内，标准的结构、文体和术语应保持一致。统一性是标准编写及表达方式的最基本要求，统一性强调的是内部的统一，即一项标准内部或一系列相关标准内部的统一。

①系列标准或同一标准的各部分，其标准结构、文体和术语应保持一致。对于类似的条款，要用类似的措辞表述；对于相同的条款，要用相同的措辞表述。对于系列标准，其结构应尽可能相同，即章、条的编号应尽量相同。

②在系列标准或同一标准的各部分，甚至扩大到同一个领域中的一个概念应用相同的术语表达，尽可能避免使用同义词。每个明确的术语应尽可能只有唯一的含义。

统一性有利于人们对标准的理解、执行，更有利于标准文本的计算机自动化处理，甚至计算机辅助翻译更加方便和准确。

（3）标准间的协调性

协调性的目的是"为了达到所有的整体协调"，因为标准是一种成体系的技术文件，各有关标准之间存在着广泛的内在联系。各种标准之间只有相互协调、相辅相成，才能充分发挥标准系统的功能，获得良好的系统效应。

（4）不同语种的等效性

为了便于国际交往和对外技术交流，应积极参与国际标准化工作，尤其是我国加入世界贸易组织后，用不同语种提供我国的标准已是必然趋势。特别是我国标准的英文版本将越来越多，在将我国标准作为国际标准提案时，还应该按照起草规则编写标准的英文版本。另外，随着社会经济的快速发展，还可能出版我国少数民族语种的标准版本，这些版本与中文版本应保证结构上和技术上的一致。

（5）适应性

标准的适应性强调两方面的内容。

①标准内容应便于实施。

组织实施标准是标准化三大任务之一。在标准的起草过程中，应时刻考虑到标准的实施问题。所制定的标准中每个条款都应考虑到可操作性，要便于标准的实施。如果标准中有些内容要用于认证，则应将它们编制成单独的章、条或编制成单独的部分，这样也有利于标准的监督。

②标准内容应易于引用。

标准内容不但要便于实施，还要考虑到易于被其他标准、法律法规和规章所引用。

（6）计划性

为保证一项标准或一系列标准的及时发布，要严格按照标准的制定程序制定。需要事先考虑标准结构的安排和内容划分，避免一边制定标准，一边确定结构和内容的情况。如制定的一项标准分为多个部分，则应将每部分的名称、内容、关系、顺序等事先做好安排。在制定的过程中不宜随意增加或删减内容，以保证标准的完整性和可操作性。

2.标准的结构

GB/T 1.1—2020《标准化工作导则　第1部分：标准化文件的结构和起草规则》，是由国家市场监督管理总局和国家标准化管理委员会于2020年3月31日批准发布的，代替了原GB/T 1.1—2009。

（1）按内容划分

①通则。

由于标准之间的差异较大，较难建立一个普遍接受的内容划分规则。

通常，针对一个标准化对象应编制成一项标准并作为整体出版，特殊情况下，可编制成若干个单独的标准或在同一个标准顺序号下将一项标准分成若干个单独的部分。标准分成部分后，需要时，每一部分可以单独修订。

②部分的划分。

一项标准分成若干个单独的部分时，通常有如下的特殊需要或具体原因：

A.标准篇幅过长。

B.后续的内容相互关联。

C.标准的某些内容可能被引用。

D. 标准的某些内容拟用于认证。

标准化对象的不同方面有可能分别引起各相关方(例如生产者、认证机构、立法机关等)的关注时,应清楚地区分这些不同方面,最好将它们分别编制成一项标准的若干个单独的部分。例如,这些不同方面可能有:

A. 健康和安全要求。

B. 性能要求。

C. 维修和服务要求。

D. 安装规则。

E. 质量评定。

标准化对象的不同方面也可编制成若干项单独的标准,从而形成一组系列标准。

一项标准分成若干个单独的部分时,可使用下列两种方式:

一种是将标准化对象分为若干个特定方面,各个部分分别涉及其中的一个方面,并且能够单独使用。

示例1:

第1部分:词汇

第2部分:要求

第3部分:试验方法

第4部分:…

另一种是将标准化对象分为通用和特殊两个方面,通用方面作为标准的第1部分,特殊方面(可修改或补充通用方面,不能单独使用)作为标准的其他各部分。

示例2:

第1部分:一般要求

第2部分:热学要求

第3部分:空气纯净度要求

第4部分:声学要求

示例3:

第1部分:通用要求

第2部分:电熨斗的特殊要求

第3部分:离心脱水机的特殊要求

第4部分:洗碗机的特殊要求

③单独标准的内容划分。

标准由各类要素构成,一项标准的要素可按下列方式进行分类:

a. 按要素的性质划分,可分为:资料性要素;规范性要素。

b. 按要素的性质及它们在标准中的具体位置划分,可分为:资料性概述要素;资料性补充要素;规范性一般要素;规范性技术要素。

c.按要素必备的或可选的状态划分,可分为:必备要素;可选要素。

(2)按层次划分

①概述。

按层次划分是指将标准系统的结构要素(标准),按其发生作用的有效范围划分为不同的层次。这种层次关系通常又成为标准的级别。从世界范围来看,标准分为国际标准、区域性标准、国家标准、行业标准、地方标准与企业标准。我国将标准分为国家标准、行业标准、地方标准和企业标准四级。

②部分。

应使用阿拉伯数字从1开始对标准的部分编号。部分的编号应置于标准顺序号之后,并用下脚点与标准顺序号隔开,例如9999.1、9999.2等。部分可以连续编号,也可以分组编号,部分不应再分成分部分。

同一标准的各个部分名称的引导要素(如果有)和主体要素应相同,而补充要素应不同,以便区分各个部分。在每个部分的名称中,补充要素前均应使用部分编号,标明"第×部分:"。

③章。

章是标准内容划分的基本单元。应使用阿拉伯数字从1开始对章编号。编号应从"范围"一章开始,一直连续到附录之前。每一章均应有章标题,并应置于编号之后。

④条。

条是章的细分。应使用阿拉伯数字对条编号。第一层次的条可分为第二层次的条,需要时,一直可分到第五层次。

一个层次中有两个或两个以上的条时才可设条,例如第10章中,如果没有10.2,就不应设10.1,应避免对无标题条再分条。

第一层次的条宜给出条标题,并应置于编号之后。第二层次的条可同样处理。某一章或条中,其下一个层次上的各条,有无标题应统一,例如第10章的下一层次,10.1有标题,则10.2、10.3等也应有标题。可将无标题条首句中的关键术语或短语标为黑体,以标明所涉及的主题。这类术语或短语不应列入目次。

⑤段。

段是章或条的细分。段不编号。

为了不在引用时产生混淆,应避免在章标题或条标题与下一层次条之间设段(称为"悬置段")。

⑥列项。

列项应由一段后跟冒号的文字引出。在列项的各项之前,应使用列项符号("破折号"或"圆点")。在一项标准的同一层次的列项中,使用破折号还是圆点应统一。在字母编号的列项中,如果需要对某一项进一步细分成需要识别的若干分项,则应在各分项之前使用数字编号(后带半圆括号的阿拉伯数字)进行标示。

在列项的各项中,可将其中的关键术语或短语标为黑体,以标明各项所涉及的主题。

这类术语或短语不应列入目次;如果有必要列入目次,则不应使用列项的形式,而应采用条的形式,将相应的术语或短语作为条标题。

示例1:

下列各类仪器不需要开关:

——在正常操作条件下,功耗不超过 10 W 的仪器;

——在任何故障条件下使用 2 min,测得功耗不超过 50 W 的仪器;

——用于连续运转的仪器。

示例2:

·仪器中的振动可能产生;

·转动部件的不平衡;

·机座的轻微变形;

·滚动轴承。

⑦附录。

附录按其性质分为规范性附录和资料性附录。每个附录均应在正文或前言的相关条文中明确提及。附录的顺序应按在条文(从前言算起)中提及它的先后次序编排。

每个附录均应有编号。附录编号由"附录"和随后表明顺序的大写英文字母组成,字母从"A"开始,例如"附录 A""附录 B""附录 C"等。只有一个附录时,仍应给出编号"附录A"。附录编号下方应标明附录的性质,即"(规范性附录)"或"(资料性附录)",再下方是附录标题。

每个附录中的章、图、表和数学公式的编号均应重新从 1 开始,编号前应加上附录编号中表明顺序的大写字母,字母后跟下脚点。例如附录 A 中的章用"A.1""A.2""A.3"等表示;图用"图 A.1""图 A.2""图 A.3"等表示。

3.要素的起草

(1)资料性概述要素

①封面。

封面为必备要素,应给出标示标准的信息,包括标准的名称、英文译名、层次(国家标准为"中华人民共和国国家标准"字样)、标志、编号、国际标准分类号(ICS 号)、中国标准文献分类号、备案号(不适用于国家标准)、发布日期、实施日期、发布部门等。

如果该标准代替了某个或几个标准,封面应给出被代替标准的编号;如果标准与国际文件的一致性程度为等同、修改或非等效,还应按照 GB/T 1.2—2020《标准化工作导则第 2 部分:以 ISO/IEC 标准化文件为基础的标准化文件起草规则》的规定在封面上给出一致性程度标识。

文件征求意见稿和送审稿的封面显著位置应按 D.1 的规定给出征集文件是否涉及专利的信息。

②目次。

目次为可选要素。为了显示标准的结构,方便查阅,设置目次是必要的。目次所列的各项内容和顺序如下:前言→引言→章→带有标题的条(需要时列出)→附录→附录中的章(需要时列出)→附录中带有标题的条(需要时列出)→参考文献→索引→图(需要时列出)→表(需要时列出)。

目次不应列出"术语和定义"一章中的术语。电子文本的目次应自动生成。

③前言。

前言为必备要素,不应包含要求和推荐,也不应包含公式、图和表。前言应视情况依次给出下列内容:

A.标准结构的说明。

对于系列标准或分部分标准,在第一项标准或标准的第1部分中说明标准的预计结构;在系列标准的每一项标准或分部分标准的每一部分中列出所有已经发布或计划发布的其他标准或其他部分的名称。

B.标准代替的全部或部分其他文件的说明。

给出被代替的标准或其他文件的编号和名称,列出与前一版本相比的主要技术变化。

C.与国际文件、国外文件关系的说明。

与国际文件的一致性程度为等同、修改或非等效的标准,应按照有关规定陈述与对应国际文件的关系。以国外文件为基础形成的标准,可在前言中陈述与相应文件的关系。

D.引言。

引言为可选要素。如果需要,则给出标准技术内容的特殊信息或说明,以及编制该标准的原因。引言不应包含要求。

如果编制过程中已经识别出文件的某些内容涉及专利,应按照 GB/T 1.1—2020 D.3 的规定给出相关内容。如果需要给出相关专利的内容较多时,可将相关内容移作附录。

引言不应编号。当引言的内容需要分条时,应仅对条编号,编为 0.1、0.2 等。

(2)规范性一般要素

①标准名称。

标准名称为必备要素,应置于范围之前。标准名称应简练并明确表示出标准的主题,使之与其他标准相区分。标准名称不应涉及不必要的细节。必要的补充说明应在范围中给出。

标准名称应由几个尽可能短的要素组成,其顺序由一般到特殊。通常,所使用的要素不多于下述三种:

A.引导要素(可选):表示标准所属的领域(可使用该标准的归口标准化技术委员会的名称)。

B.主体要素(必备):表示上述领域内标准所涉及的主要对象。

C.补充要素(可选):表示上述主要对象的特定方面,或给出区分该标准(或该部分)与其他标准(或其他部分)的细节。

起草标准名称的详细规则请参照 GB/T 1.1—2020。

②标准范围。

范围为必备要素,应置于标准正文的起始位置。范围应明确界定标准化对象和所涉及的各个方面,由此指明标准或其特定部分的适用界限。必要时,可指出标准不适用的界限。

如果标准分成若干个部分,则每个部分的范围只应界定该部分的标准化对象和所涉及的相关方面。

范围的陈述应简洁,以便能作内容提要使用。范围不应包含要求。

标准化对象的陈述应使用下列表述形式:"本标准给出了……的指南";"本标准界定了……的术语"。

标准适用性的陈述应使用下列表述形式:"本标准适用于……";"本标准不适用于……"。

针对不同的文件,应将上述列项中的"本标准……"改为"GB/T ×××× 的本部分……"、"本部分……"或"本指导性技术文件……"。

③规范性引用文件。

规范性引用文件为可选要素,它应列出标准中规范性引用其他文件的文件清单,这些文件经过标准条文的引用后,成为标准应用时必不可少的文件。文件清单中,对于标准条文中注日期引用的文件,应给出版本号或年号(引用标准时,给出标准代号、顺序号和年号),以及完整的标准名称;对于标准条文中不注日期引用的文件,则不应给出版本号或年号。标准条文中不注日期引用一项由多个部分组成的标准时,应在标准顺序号后标明"(所有部分)"及其标准名称中的相同部分,即引导要素(如果有)和主体要素。

文件清单中,如列出国际标准、国外标准,应在标准编号后给出标准名称的中文译名,并在其后的圆括号中给出原文名称;列出非标准类文件的方法应符合 GB/T 7714—2015《信息与文献 参考文献著录规则》的规定。

如果引用的文件可在线获得,宜提供详细的获取和访问路径。应给出被引用文件的完整网址(见 GB/T 7714—2015)。为了保证溯源性,宜提供源网址。

凡起草与国际文件存在一致性程度的我国标准,在其规范性引用文件清单所列的标准中,如果某些标准与国际文件存在着一致性,则应按照 GB/T 1.2—2020 的规定,标示这些标准与相应国际文件的一致性程度标识。

文件清单中引用文件的排列顺序为:国家标准(含国家标准化指导性技术文件)、行业标准、地方标准(仅适用于地方标准的编写)、国内有关文件、国际标准、ISO 或 IEC 有关文件、其他国际标准,以及其他国际有关文件。国家标准、国际标准按标准顺序号排列;行业标准、地方标准、其他国际标准先按标准代号的拉丁字母和(或)阿拉伯数字的顺序排列,再按标准顺序号排列。

文件清单不应包含：

A.不能公开获得的文件。

B.资料性引用文件。

C.标准编制过程中参考过的文件。

上述文件根据需要可列入参考文献。

规范性引用文件清单应由下述引导语引出："下列文件对于本文件的应用是必不可少的。凡是注日期的引用文件，仅注日期的版本适用于本文件。凡是不注日期的引用文件，其最新版本（包括所有的修改单）适用于本文件。"

（3）规范性技术要素

①技术要素的选择。

A.目的性原则。

标准中规范性技术要素的确定取决于编制标准的目的，最重要的目的是保证有关产品、过程或服务的适用性。一项标准或系列标准还可涉及或分别侧重其他目的，例如促进相互理解和交流，保障健康，保证安全，保护环境或促进资源合理利用，控制接口，实现互换性和兼容性或相互配合以及品种控制等。

在标准中，通常不指明选择各项要求的目的（尽管在引言中可阐明标准和某些要求的目的）。然而，最重要的是在工作的最初阶段（不迟于征求意见稿）确定这些目的，以便决定标准所包含的要求。

B.性能原则。

只要可能，要求应由性能特性来表达，而不用设计和描述特性来表达，这种方法给技术发展留有最大的余地。如果采用性能特性的表述方式，要注意保证性能要求中不疏漏重要的特征。

C.可证实性原则。

无论标准的目的如何，标准中应只列入那些能被证实的要求。标准中的要求应定量并使用明确的数值。不应仅使用定性的表述，如"足够坚固"或"适当的强度"等。

②术语和定义。

术语和定义为可选要素，它仅给出为理解标准中某些术语所必需的定义。术语应该按照概念层级进行分类和编排，分类的结果和排列顺序应由术语的条目编号来明确，应给每个术语一个条目编号。

对某概念建立有关术语和定义之前，应查找在其他标准中是否已经为该概念建立了术语和定义。如果已经建立，宜引用定义该概念的标准，不必重复定义。如果没有建立，则"术语和定义"一章中只应定义标准中所使用的并且是属于标准的范围所覆盖的概念，以及有助于理解这些定义的附加概念。如果标准中使用了属于标准范围之外的术语，可在标准中说明其含义，而不宜在"术语和定义"一章中给出该术语及其定义。如果确有必要重复某术语已经标准化的定义，则应标明该定义所出自的标准。如果不得不改写已经标准化的定义,则应加注说明。定义既不应包含要求,也不应写成要求的形式。附加的信息应以示例或注的形式给出。

术语条目应包括条目编号、术语、英文对应词、定义。根据需要可增加符号、概念的其他表述方式(例如公式、图等)、示例、注等。

术语条目应由下述适当的引导语引出:

仅仅标准中界定的术语和定义适用时,使用:"下列术语和定义适用于本文件"。

其他文件界定的术语和定义也适用时,使用:"⋯界定的以及下列术语和定义适用于本文件"。

仅仅其他文件界定的术语和定义适用时,使用:"⋯界定的术语和定义适用于本文件"。

③符号、代号和缩略语。

符号、代号和缩略语为可选要素,它给出为理解标准所必需的符号、代号和缩略语清单,除非为了反映技术准则需要以特定次序列出,所有符号、代号和缩略语宜按以下次序以字母顺序列出:

大写拉丁字母置于小写拉丁字母之前(A、n、B、6 等);

无角标的字母置于有角标的字母之前,有字母角标的字母置于有数字角标的字母之前(B、6、C、Cm、C2、f、d、d1 等);

希腊字母置于拉丁字母之后。

④其他特殊符号和文字。

为了方便,该要素可与要素"术语和定义"合并。可将术语和定义、符号、代号、缩略语及量的单位放在一个复合标题之下。

⑤要求。

要求为可选要素,它应包含下述内容:

直接或以引用方式给出标准涉及的产品、过程或服务等方面的所有特性;

可量化特性所要求的极限值;

针对每个要求,引用测定或检验特性值的试验方法,或者直接规定试验方法。

要求的表述应与陈述和推荐的表述有明显的区别。该要素中不应包含合同要求(有关索赔、担保、费用结算等)和法律或法规的要求。

⑥分类、标记和编码。

分类、标记和编码为可选要素,它可为符合规定要求的产品、过程或服务建立一个分类、标记和(或)编码体系。为便于标准的编写,该要素也可并入要求。

⑦规范性附录。

规范性附录为可选要素,它给出标准正文的附加或补充条款。附录的规范性的性质应通过下述方式加以明确:一是条文中提及的措辞方式,例如"符合附录 A 的规定""见附录 C"等;二是目次中和附录编号下方标明。

(4)资料性补充要素

①资料性附录。

A.资料性附录为可选要素,它给出有助于理解或使用标准的附加信息。除了下面 B 所描述的内容外,该要素不应包含要求。

B.资料性附录可包含可选要求。例如,一个可选的试验方法可包含要求,但在声明符合标准时,并不需要符合这些要求。

②参考文献。

参考文献为可选要素。如果有参考文献,则应置于最后一个附录之后。

文献清单中每个参考文献前应在方括号中给出序号。文献清单中所列的文献(含在线文献)及文献的排列顺序等均应符合规范性引用文件的相关规定。然而,如列出国际标准、国外标准和其他文献无须给出中文译名。

③索引。

索引为可选要素。如果有索引,则应作为标准的最后一个要素。电子文本的索引宜自动生成。

4.要素的表述

(1)通则

①条款的类型。

不同类型条款的组合构成了标准中的各类要素。标准中的条款可分为:要求型条款;推荐型条款;陈述型条款。

②条款表述所用的助动词。

标准中的要求应该容易被识别,因此包含要求的条款应与其他类型的条款相区分。

③技术要素的表述。

标准名称中含有"规范",则标准中应包含要素"要求"及相应的验证方法;标准名称中含有"规程",则标准宜以推荐和建议的形式起草;标准名称中含有"指南",则标准中不应包含要求型条款。

④汉字和标点符号。

标准中应使用规范汉字。标准中使用的标点符号应符合 GB/T 15834—2011《标点符号用法》的规定。

(2)条文的注、示例和脚注

①条文的注和示例。

条文的注和示例的性质为资料性。在注和示例中应只给出有助于理解或使用标准的附加信息。

章或条中只有一个注,应在注的第一行文字前标明"注:"。同一章(不分条)或条中有几个注,应标明"注1:""注2:""注3:"等。

章或条中只有一个示例,应在示例的具体内容之前标明"示例:"。同一章(不分条)或条中有几个示例,应标明"示例1:""示例2:""示例3:"等。

②条文的脚注。

条文的脚注的性质为资料性,应尽量少用。

条文的脚注应置于相关页面的下边。脚注和条文之间用一条细实线分开。细实线长度为版心宽度的四分之一,置于页面左侧。通常应使用阿拉伯数字(后带半圆括号)从1开始对条文的脚注进行编号,条文的脚注编号从"前言"开始全文连续,即1)、2)、3)等。

(3)图

①用法。

如果用图提供信息更有利于标准的理解,则宜使用图。每幅图在条文中均应明确提及。

②形式。

应提供准确的制版用图,宜提供计算机制作的图。

③编号。

每幅图都应有编号。图的编号由"图"和从1开始的阿拉伯数字组成,例如"图1""图2"等。只有一幅图时,仍应给出编号"图1"。图的编号从引言开始一直连续到附录之前,并与章、条和表的编号无关。

④图题。

指的是图的名称,每幅图都应该有图题。标准中的图有无图题应统一。

⑤技术制图、简图和图形符号。

技术制图应按照GB/T 17451—1998《技术制图　图样画法　视图》等有关标准绘制。

⑥图的接排。

如果某幅图需要转页接排,在随后接排该图的各页上应重复图的编号、图题(可选)和"(续)"。如:图X(续)。

⑦图注。

图注应区别于条文的注。图中只有一个注时,应在注的第一行文字前标明"注:";图中有多个注时,应标明"注1:""注2:""注3:"等。每幅图的图注应单独编号。

⑧图的脚注。

图的脚注应区别于条文的脚注。应使用上标形式的小写拉丁字母从"a"开始对图的脚注进行编号。在图中需注释的位置应以相同上标形式的小写拉丁字母标明图的脚注。每幅图的脚注应单独编号。图的脚注可包含要求。

⑨分图。

A.用法。

分图通常宜避免使用。当分图对理解标准的内容必不可少时,才可使用。

零部件、不同方向的视图、剖面图、断面图和局部放大图不应作为分图。

B.编号和编排。

只准许对图作一个层次的细分。分图应使用字母编号(后带半圆括号的小写拉丁字母),不应使用其他形式的编号(例如1.1,1.2,…,1-1,1-2,…,等)。

如果每个分图中均包含了各自的说明、图注或图的脚注,则不应作为分图处理,而应作为单独编号的图。

(4)表

①用法。

如果用表提供信息更有利于标准的理解,则宜使用表。每个表在条文中均应明确提及。不准许表中有表,也不准许再分为次级表。

②编号。

每个表均应有编号。表的编号由"表"和从 1 开始的阿拉伯数字组成,例如"表 1""表2"等。只有一个表时,仍应给出编号"表 1"。表的编号从引言开始一直连续到附录之前,并与章、条和图的编号无关。

③表题。

表题指的是表的名称。每个表都应该有表题,标准中的表有无表题应该统一。

④表头。

使用时,表头中可用量和单位的符号表示。需要时,可在提及表的陈述中或在表注中对相应的符号予以解释。

⑤表的接排。

如果某个表需要转页接排,在随后接排该表的各页上应重复表的编号、表题(可选)和"(续)"。如:表 X(续)。

续表均应重复表头和关于单位的陈述。

⑥表注。

表注应区别于条文的注。表注应置于表中,并位于表的脚注之前。表中只有一个注时,应在注的第一行文字前标明"注:";表中有多个注时,应标明"注 1:""注 2:""注3:"等。

⑦表的脚注。

表的脚注应区别于条文的脚注。表的脚注应置于表中,并紧跟表注。应用上标形式的小写拉丁字母从"a"开始对表的脚注进行编号。在表中需注释的位置应以相同上标形式的小写拉丁字母标明表的脚注。每个表的脚注应单独编号。

5.其他规则

(1)引用

①通则。

编写标准时,经常需要在条文中重复标准本身的或其他文件的内容,以便给使用者提供参考或指示使用者需要符合的其他条款,这时,为了避免标准间的不协调、标准篇幅过大及抄录错误等,通常不应抄录需重复的具体内容,而应采取引用的方式。然而,特殊情况下,如果认为有必要重复抄录其他文件中的少量内容,则应在所抄录的内容之后的方括号中准确地标明出处。

②提及标准本身的内容。

A. 提及标准本身。

标准条文中将标准本身作为一个整体提及时,应使用下述适用的表述形式:"本标准…"(提及单独的标准);"本指导性技术文件…"(提及国家标准化指导性技术文件)。

标准分为多个单独的部分时,如果其中某个部分的条文中提及本身的部分时,应使用下述表述形式:"GB/T 20501 的本部分…";"本部分…"。

如果分部分标准中的某部分提及其所在标准的所有部分时,应与提及其他标准的方式相同,表述形式为:"GB 3102…"。

上述表述形式不适用于"规范性引用文件"及"术语和定义"章中的引导语,也不适用于有关专利内容的说明。

B. 提及标准本身的具体内容。

规范性提及标准中的具体内容,应使用诸如下列表述方式:"按第 3 章的要求";"符合 3.1.1 给出的细节";"按 B.2 给出的要求";"符合附录 C 的规定"等。

提及标准中的具体内容和提及标准中的资料性内容时,应使用下列资料性的提及方式:"参见 4.2.1";"相关信息参见附录 B";"见表 2 的注"等。

③引用其他文件。

A. 通则。

原则上,被引用的文件应是国家标准、行业标准、国家标准化指导性技术文件或国际标准。然而,其他正式出版的文件,只要经过相关标准(即需引用这些文件的标准)的归口标准化技术委员会或该标准的审查会议确认符合下列条件,则允许以规范性方式加以引用:

a. 具有广泛的可接受性和权威性,并且能够公开获得。

b. 作者或出版者已经同意该文件被引用,并且当函索时,能从作者或出版者那里得到这些文件。

c. 作者或出版者已经同意,将他们修订该文件的打算和修订所涉及的要点及时通知相关标准的归口标准化技术委员会或归口单位。

引用其他文件可注日期,也可不注日期。标准中所有被规范性引用的文件,无论是标注日期,还是不标注日期,均应在"规范性引用文件"一章中列出。标准中被资料性引用的文件,如需要,宜在"参考文献"中列出。在标准条文中,规范性引用文件和资料性引用文件的表述应明确区分。

B. 注日期引用。

注日期引用是指引用指定的版本,用年号表示。凡引用了被引用文件中的章或条、附录、图或表的编号,均应注日期。

C. 不注日期引用。

不注日期引用是指引用文件的最新版本,具体表述时不应提及年号或版本号。

对于规范性的引用,根据引用某文件的目的,在可接受该文件将来所有改变时,才可不注日期引用文件。为此,引用时应引用完整的文件(包括标准的某个部分),或者不提及被引用文件中的章或条、附录、图或表的编号。

④部分之间的引用。

对于分部分标准内部的不同部分之间的引用,应注意从一个部分引用另一个部分的准确性。因此,一般情况下应遵守引用其他文件的规定。在保证一个标准的不同部分中相应的改变能同步进行时,允许不注日期引用。

一个标准的不同部分通常由同一个标准化技术委员会管理,因此,不同部分的同步修订是可能的。

(2)全称、简称和缩略语

标准中使用的组织机构的全称和简称(或外文缩写)应与这些组织机构所使用的全称和简称(或外文缩写)相同。

如果在标准中某个词语需要使用简称,则在条文中第一次出现该词语时,应在其后的圆括号中给出简称,以后则应使用该简称。

如果标准中未给出缩略语清单,则在标准的条文中第一次出现某缩略语时,应先给出完整的中文词语或术语,在其后的圆括号中给出缩略语,以后则使用该缩略语。

应慎重使用由拉丁字母组成的缩略语,只有在不引起混淆的情况下才使用。

一般的原则为,缩略语由大写拉丁字母组成,每个字母后面没有下脚点(例如 DNA)。特殊情况下,来源于字词首字母的缩略语由小写拉丁字母组成,每个字母后有一个下脚点(例如 a.c.)。

(3)商品名

应给出产品的正确名称或描述,而不应给出产品的商品名(品牌名)。特定产品的专用商品名(商标),即使是通常使用的,也宜尽可能避免。如果在特殊情况下不能避免使用商品名,则应指明其性质。

如果适用某标准的产品目前只有一种,则在该标准的条文中可以给出该产品的商品名。

(4)数值的选择

①极限值。

根据特性的用途可规定极限值。通常一个特性规定一个极限值,但有多个广泛使用的类型或等级时,则需要规定多个极限值。

②可选值。

根据特性的用途,可选择多个数值或数系。

当试图对一个拟定的数系进行标准化时,应检查是否有现成的被广泛接受的数系。

采用优先数系时,需注意非整数(例如数 3.15)有时可能带来不便或要求不必要的高精度。这时,需要对非整数进行修约(参见 GB/T 19764—2005《优先数和优先数化整值系列的选用指南》)。因避免由于同一标准中同时包含了精确值和修约值,而导致不同使用者选择不同的值。

（5）数和数值的表示

①任何数，均应从小数点符号起，向左或向右每三位数字为一组，组之间空四分之一个汉字的间隙，但表示年号的四位数除外。

②为了清晰起见，数和（或）数值相乘应使用乘号"×"，而不使用圆点。

③标准中数字的用法应符合 GB/T 15835—2011《出版物上数字用法》的规定。

（6）量、单位及其符号

应使用 GB/T 3101—1993《有关量、单位和符号的一般原则》、GB/T 3102 规定的法定计量单位。

表示量值时，应写出其单位。平四角中度、分、秒的单位符号应紧跟数值后；所有其他单位符号前应空出四分之一个汉字的间隙。

（7）数学公式

在量关系式和数值关系式之间应首选前者。公式应以正确的数学形式表示，由字母符号表示的变量，应随公式对其含义进行解释，但已在"符号、代号和缩略语"一章中列出的字母符号除外。

（8）尺寸和公差

尺寸应以无歧义的方式表示（示例1）。

示例1：$80 \text{ mm} \times 25 \text{ mm} \times 50 \text{ mm}$［不应写作 $80 \times 25 \times 50 \text{ mm}$ 或 $(80 \times 25 \times 50) \text{ mm}$］

特殊情况下，如果需要给标准使用者一个涉及整个文件内容提示的注意，则可在标准名称之后、要素"范围"之前，以"重要提示"或"警告"开头用黑体字给出相关内容。

重要提示经常涉及人身安全或健康的内容，或者在涉及安全或健康的标准中给出。

6.编排格式

（1）通则

出版标准的纸张应采用 A4 幅面，即 $210 \text{ mm} \times 297 \text{ mm}$，允许公差 $\pm 1 \text{ mm}$。在特殊情况下（例如，图、表不能缩小时），标准幅面可根据实际需要延长和（或）加宽，倍数不限，此时，书眉上的标准编号的位置应做相应调整。

（2）封面

①格式。

国家标准、行业标准和地方标准的封面格式分别见 GB/T 1.1—2020。

②标准名称。

标准名称由多个要素组成时，各要素之间应出空一个汉字的间隙。标准名称也可分为上下多行编排，行间距应为 3 mm。

标准名称的英文译名各要素的第一个字母大写，其余字母小写。

③与国际标准的一致性程度标识。

我国标准与国际标准的一致性程度标识应置于标准名称的英文译名之下，并加上圆括号。

④标准编号和被代替标准编号。

封面上标准的编号中,标准代号与标准顺序号之间空半个汉字的间隙。如果有被代替的标准,则在本标准的编号之下另起一行编排被代替标准的编号。被代替标准的编号之前编排"代替"二字,本标准的编号和被代替标准的编号右端对齐。

⑤ICS号和中国标准文献分类号。

封面上的ICS号和中国标准文献分类号应分为上下两行编排,左端对齐。

(3)目次

目次格式见GB/T 1.1—2020。目次中所列的前言、引言、章、附录、参考文献、索引等各占一行半。图或表的目次与其前面的内容均空出一行编排。目次中所列的前言、引言、章、附录、参考文献、索引、图、表等均应顶格起排,第一层次的条及附录的章均空一个汉字起排,第二层次的条及附录的第一层次的条均空出两个汉字起排,依此类推。

章、条、图、表的目次应给出编号,后跟完整的标题。附录的目次应给出附录编号,后跟附录的性质并加圆括号,其后为附录标题。章、条、图、表的编号及附录的性质与其后面的标题之间应空出一个汉字的间隙。前言、引言、各类标题、参考文献、索引与页码之间均用"……"连接。页码不加括号。

(4)前言和引言

前言和引言均应另起一面,其格式见GB/T 1.1—2020。

(5)正文

①正文首页。

正文首页应从单数页开始编排,其格式见GB/T 1.1—2020。正文首页中标准名称由多个要素组成时,各要素之间应出空一个汉字的间隙,标准名称也可分成上下多行编排。

②规范性引用文件。

规范性引用文件中所列文件均应空出两个汉字起排,回行时顶格编排,每个文件之后不加标点符号。所列标准的编号与标准名称之间空一个汉字的间隙。

③术语和定义。

标准中的"术语和定义"一章不应采用表的形式编排。除条目编号外,其余各项均应另行空两个汉字起排,并按下列顺序给出:

条目编号(黑体)顶格编排;

术语(黑体)后空一个汉字的间隙接排英文对应词(黑体),英文对应词的第一个字母小写(除非原文本身要求大写);

符号;

术语的定义或说明,回行时顶格编排;

概念的其他表述形式;

示例;

注。

（6）附录

每个附录均应另起一面，其格式见 GB/T 1.1—2020。

附录编号、附录的性质及附录标题，每项各占一行，置于附录条文之上居中位置。

（7）参考文献和索引

参考文献和索引均应另起一面。参考文献中所列文件均应空出两个汉字起排，回行时顶格编排，每个文件之后不加标点符号。所列标准的编号与标准名称之间空一个汉字的间隙。

（8）其他

①章、条、段。

章、条的编号应顶格编排。章的编号与其后的标题、条的编号与其后的标题或文字之间空出一个汉字的间隙。

章的编号和章标题应占三行，条的编号和条标题应占两行。

段的文字空两个汉字起排，回行时顶格编排。

②列项。

每一项之前的破折号、圆点或字母编号均应空出两个汉字起排。

第一层次列项的各项之前的破折号（——）、字母编号均应空两个汉字起排，其后的文字及文字回行均应置于版心左边第五个汉字的位置。

第二层次列项的各项之前的间隔号（·）、数字编号均应空四个汉字起排，其后的文字及文字回行均应置于版心左边第七个汉字的位置。

字母编号下一层次列项的破折号、圆点或数字编号均应空出四个汉字起排，其后的文字及文字回行均应置于距版心左边第七个汉字的位置。

③注和脚注。

标明注、图注和表注的"注："或"注×："均应另起一行空两个汉字起排，其后接排注的内容，回行时与注的内容的文字位置左对齐。

脚注编号应另起一行空两个汉字起排，其后脚注内容的文字及文字回行均应置于距版心左边第五个汉字的位置。

图的脚注编号应另起一行空两个汉字起排，其后脚注内容的文字及文字回行均应置于距版心左边第四个汉字的位置。

④示例。

每个示例应另起一行空两个汉字起排。"示例："或"示例×："宜单独占一行。文字类的示例回行时宜顶格编排。

⑤公式。

标准中的公式应另起一行居中编排，较长的公式宜在等号（＝）后回行，或者在加号（＋）、减号（－）等运算符号后回行。公式中的分数线、长横线和短横线应明确区分，主要的横线应与等号取平。

公式的编号应右端对齐,公式与编号之间用"……"连接。

公式中需要解释的符号应按先左后右,先上后下的顺序分行说明,每行空两个汉字起排,并用破折号与释文连接,回行时与上一行释文的文字位置左对齐。各行的破折号对齐。

⑥图和表。

每幅图与其前面的条文、每个表与其后面的条文均宜空出一行。图题和表题均应置于其编号之后,与编号之间空一个汉字的间隙。图的编号和图题应置于图的下方,占两行居中;表的编号和表题应置于表的上方,占两行居中。

⑦终结线、书眉和页码。

在标准的最后一个要素之后,应有标准的终结线。终结线为居中的粗实线,长度为版心宽度的四分之一。终结线应排在标准的最后一个要素之后,不准许另起一面编排。

从标准的目次开始,在每页书眉位置应给出标准编号,单数页排在书眉右侧(见 GB/T 1.1—2020 附录图 E.1),双数页排在书眉左侧(见 GB/T 1.1—2020 附录图 E.2)。

(三)食品安全企业标准的制定与备案

1.食品安全企业标准的制定

企业生产的食品没有食品安全国家标准或者地方标准的,应当制定食品安全企业标准(以下简称企业标准)作为组织生产的依据。国家鼓励食品生产企业制定严于食品安全国家标准或者地方标准的企业标准。企业标准包括食品原料(包括主料、配料和使用的食品添加剂)、生产工艺,以及与食品安全相关的指标、限量、技术要求。

2.食品安全企业标准的备案

(1)需要提交的材料

企业标准应当报省级卫生行政部门备案。为规范企业标准备案,根据《食品安全法》,卫生部组织制定了《食品安全企业标准备案办法》。《食品安全企业标准备案办法》规定,企业标准备案时须提交下列材料:企业标准备案登记表、企业标准文本及电子版、企业标准编制说明和省级卫生行政部门规定的其他资料。

企业标准编制说明应详细说明企业标准制定过程和与相关国家标准、地方标准、国际标准、国外标准的比较情况。企业应确保备案的企业标准的真实性和合法性,确保根据备案的企业标准所生产的食品的安全性,并对其实施后果承担全部法律责任。

食品安全企业标准文本一式八份,附在企业标准备案登记表后,其中两份备案后退回企业,省级卫生行政部门留存两份,同级农业行政、质量监督、工商行政管理、食品药品监督管理部门各留存一份。

(2)受理与材料审核

对收到的提交材料是否齐全等进行核对,并根据以下情况分别做出处理:

①企业标准依法不需要备案的,应当即时告知当事人不需备案。

②提交的材料不齐全或者不符合规定要求的,应当立即或在 5 个工作日内告知当

事人。

③提交的材料齐全,符合规定要求的,受理其备案。

省级卫生行政部门受理企业标准备案后,应当在受理之日起 10 个工作日内在备案登记表上标注备案号并加盖备案章。标注的备案号和加盖的备案章作为企业标准备案凭证。

省级卫生行政部门应在发给企业备案凭证之日起 20 个工作日内向社会公布备案的企业标准,并同时将备案的企业标准文本发送同级农业行政、质量监督、工商行政管理、食品药品监督管理部门。

（3）企业标准复审

有下列情形之一的,企业应当主动对企业标准进行复审:有关法律、法规、规章和食品安全国家标准、地方标准发生变化时;企业生产工艺或者食品原料(包括主料、配料和使用的食品添加剂)及配方发生改变时;其他应当进行复审的情形。

（4）企业标准延续备案

企业标准备案有效期为三年。有效期届满需要延续备案的,企业应当对备案的企业标准进行复审,并填写企业标准延续备案表,到原备案的卫生行政部门办理延续备案手续。企业在规定的期限内仍未办理延续备案手续的,原备案的卫生行政部门应当注销备案,并向社会公布延续或者注销情况。

思考题

1. 什么是食品生产加工小作坊?
2. 请概述食品生产许可管理办法的主要内容。
3. 请简述食品标准制定的基本要求。
4. 请简述企业标准化的基本要求。

思政小课堂

项目六 食品市场准入与认证

预期学习目标

1. 掌握食品市场准入制度；
2. 熟悉无公害农产品、绿色食品和有机食品认证及地理标志产品的相关内容；
3. 了解保健食品、非转基因食品认证等相关内容。

一、相关案例导读

案例1：2018年10月24日讯 农产品产地污染，农药、化肥使用超标，安全监管漏洞大……今年5月至9月，全国人大常委会执法检查组对农产品质量安全法进行了执法检查，检查发现，长期以来，我国农业工作着力点主要放在保证农产品数量上，对质量安全关注度不够，生产、流通等环节存在风险隐患。检查组指出，我国农产品生产经营主体小而分散，组织化程度低，农业投入品使用不规范，农产品分级和包装技术水平低，制约了农产品的标准化生产和追溯管理，制约了农产品质量安全水平的提升，也增加了监管难度。

①产地污染形势严峻。

检查中发现，各地对农产品生产环境安全把关不严，农业面源污染和污灌区土壤污染严重，因具体受污染耕地的分布和面积不清，各地对受污染耕地安全利用、严格管控和治理修复任务难以落地。

②农药使用"违禁超限"。

检查指出，当前，假冒伪劣产品坑农害农事件仍时有发生，非法添加隐性成分问题严重，肥料、农药、农膜、兽药等投入品不合理使用现象普遍，农业投入品的质量安全及科学使用成为农产品质量安全监管的难点。

2017年，我国农药平均利用率为38.8%，而欧美发达国家为50%～60%，"违禁超限"问题严重。在近年农药市场抽查中，质量不合格产品比例在10%左右，甚至还存在生产经营禁限用农药的现象。

此外，我国农作物亩均化肥用量21.9公斤，远高于亩均8公斤的世界平均水平。农药兽药超剂量、超范围用药现象普遍，还存在使用非兽药等其他未经评价的投入品现象。（案例来源：中国网）

讨论：针对农产品产地存在的问题，谈谈你的看法。

案例2：10月1日—5日，海南省举办"2020海口消费品展览会"。海南省绿色食品发展中心现场开展农产品农药残留检测，普及传播绿色食品消费理念，着力提升全社会对"三品一标"的认知度。

活动现场,工作人员向市民发放《绿色食品　你知我知大家知》《"三品一标"工作服务指南》等绿色食品知识手册,讲解绿色食品知识,宣传绿色食品发展理念与标志形象。同时,派出专业检测人员,在展会现场为消费者提供农产品农药残留检测服务。"了解了专业知识,让我们消费者买得安心,吃得放心!"现场市民为此次科普宣传活动纷纷点赞。还有消费者表示,在购买蔬菜后,马上进行农药残留检测便民化服务,检测结果让他十分放心。

海南省绿色食品发展中心的相关负责人表示,希望通过本次活动引导更多企业注重品牌建设提升,打造绿色食品精品形象,并通过多种形式普及"三品一标"相关知识,推进"三品一标"宣传工作,让绿色食品走进更多寻常百姓家庭。

近年来,海南省农业农村厅积极推进质量兴农、绿色兴农、品牌强农,该省以绿色食品为代表的"三品一标"实现了持续快速发展。截至 2020 年 10 月,全省绿色食品获证企业共77 家,涉及 125 个产品,覆盖产地面积约 85 万亩,打造出福返芒果、洪安蜜柚、白沙绿茶、北纬十八度火龙果等一大批特色优势产品,绿色食品品牌影响力逐步扩大,品牌带动力日益彰显。

讨论:"三品一标"是什么? 为什么要推行"三品一标"?

案例 3:2020 年 3 月 6 日黑龙江省农业农村厅发布消息,今年,黑龙江省有机食品认证面积将增加到 850 万亩,比上年至少增长 30%。

面对新冠肺炎疫情防控的特殊形势,黑龙江省农业农村厅提出抢前抓早、突出重点,因地制宜,宜农则农、宜牧则牧、三产融合发展有机农业的思路,提出稳步扩大有机农业生产基地,以技术为支撑,加快高效有机肥料、生物农药、深加工技术等研发与推广应用;以实现优质优价为目标,加快市场销售平台建设,拓展销售渠道;以基地规范化管理为手段,保障产品质量,维护品牌信誉,努力实现推动黑龙江由大粮仓变成绿色粮仓、绿色菜园、绿色厨房的战略目标。

今年,黑龙江省将围绕"有机农业示范基地"创建,推广农牧对接生产模式,大力发展鸭稻、蟹稻、鱼稻等生态循环农业基地,以及种养结合的有机农产品基地。

同时,黑龙江省将集中在有机农业基地开展有机肥提质增效、耕地轮作、黑土地保护、农业"三减"、秸秆综合利用、粪污资源化利用等重点工作组织推进。

该省还大力引导有机农业种植者严格按照技术标准规程生产,引导企业强化品牌意识,树立品牌观念,通过品牌打造,构建黑龙江省有机农产品品牌核心价值,增强黑龙江省有机农产品的市场竞争力。(案例来源:中新网)

讨论:有机农业与目前农业的区别? 为什么要创建"有机农业示范基地"?

二、食品市场准入制度

食品市场准入制度是指一个国家或地区的政府部门,为规范本国或本地区食品企业生产、保护消费者利益而采用的一种行政许可制度。政府部门根据本国或本地区的具体情况,制定出相应的标准,并通过企业强制实施,达到规范市场、保护消费者利益的目的。

(一)食品市场准入标志

2015 年 10 月 1 日,《中华人民共和国食品安全法》开始实施,作为其配套规章,原国家食品药品监督管理总局制定的《食品生产许可管理办法》同步实施,并且根据 2017 年 11 月 7 日国家食品药品监督管理总局局务会议《关于修改部分规章的决定》进行了修改。该办法明确规定,新获证食品生产者应当在食品包装或者标签上标注新的食品生产许可证编号"SC"加 14 位阿拉伯数字,不再使用"QS"标志。为既能尽快全面实施新的生产许可制度,又避免生产者的包装材料和食品标签浪费,该办法给予了生产者最长不超过三年的过渡期,即 2018 年 10 月 1 日及以后生产的食品,一律不得继续使用原包装、标签及"QS"标志。

(二)食品市场准入制度的核心内容

1.对食品生产企业实施生产许可证制度

实行生产许可证管理是指对食品生产加工企业的环境条件、生产设备、加工工艺过程、原材料、执行标准、人员资质、储运条件、检测能力等进行审查,并对其产品进行抽样检验,以保证进入市场的食品符合较高质量要求和安全标准。

2.对企业生产的食品实施强制检验制度

未经过检验或经检验不合格的食品不准出厂销售。对于不具备自检条件的生产企业强令实行委托检验,以有效地把住产品出厂入市质量关。

三、食品"三品一标"认证

"三品一标"认证是指无公害农产品认证、绿色食品认证、有机食品认证和农产品地理标志认证。

(一)无公害农产品认证

为加强对无公害农产品的管理,维护消费者权益,提高农产品质量,保护农业生态环境,促进农业可持续发展,原农业部、原质检总局联合制定《无公害农产品管理办法》。《无公害农产品管理办法》所称无公害农产品,是指产地环境、生产过程和产品质量符合国家有关标准和规范的要求,经认证合格获得认证证书并允许使用无公害农产品标志的未经加工或者初加工的食用农产品。在中华人民共和国境内从事无公害农产品生产、产地认定、产品认证和监督管理等活动,适用《无公害农产品管理办法》。

原中华人民共和国农业部、原中华人民共和国国家质量监督检验检疫总局令第 12 号于 2002 年 1 月 30 日经国家认证认可监督管理委员会第 7 次主任办公会议审议通过的《无公害农产品管理办法》,已经于 2002 年 4 月 3 日原农业部第 5 次常务会议、2002 年 4 月 11 日原国家质量监督检验检疫总局第 27 次局长办公会议审议通过,并于发布之日起施行。

1.无公害农产品概述

无公害农产品是指产地环境、生产过程和产品质量符合国家有关标准和规范的要求,经认证合格获得认证证书并允许使用无公害农产品标志的优质农产品及其加工制品。狭义的无公害农产品是指经有关部门认证,满足人们日常食用安全的农产品,不包括绿色食品和有机食品;广义的无公害农产品涵盖了有机食品(又叫生态食品)、绿色食品等无污染的安全营养类食品。但从安全成分和消费对象及运作方式上划分,有机食品、绿色食品和无公害农产品之间又有截然不同的区别。

无公害农产品产生于 20 世纪 80 年代后期,是在我国基本解决了农产品的供需矛盾后,药物残留问题开始引起广泛关注,为解决农产品中农残、有毒有害物质等"公害"问题,各省、市开始推出无公害农产品。如北京市 2000 年率先开始了安全食用农产品认证。

2.无公害农产品认证

3.无公害农产品标志管理

无公害农产品标志图案如图 6 - 1 所示,由麦穗、对勾和无公害农产品字样组成。麦穗代表农产品,对勾表示合格,金色寓意成熟和丰收,绿色象征环保和安全。

图 6 - 1　无公害农产品的标志

印制在包装、标签、广告、说明书上的无公害农产品标志图案,不能作为无公害农产品证明性标识使用。无公害农产品标志使用是政府对无公害农产品质量的保证和对生产者、经营者及消费者合法权益的维护,是县级以上农业部门对无公害农产品进行有效监督和管理的重要手段。以"无公害农产品"称谓进入市场流通的所有获证产品,均须在产品或产品包装上加贴使用标志。

(二)绿色食品认证

为加强绿色食品标志使用管理,确保绿色食品信誉,促进绿色食品事业健康发展,维护生产者、经营者和消费者合法权益,根据《中华人民共和国农业法》《中华人民共和国食品安全法》《中华人民共和国农产品质量安全法》和《中华人民共和国商标法》,原农业部制定《绿色食品标志管理办法》,本办法自 2012 年 10 月 1 日起施行。

1.绿色食品产生的背景

随着工农业和科学技术的迅速发展,人类餐桌上的食物种类越来越丰富多样,农产品的供需矛盾基本解决。但是由于受全球环境恶化的影响,食品不安全因素不断增加,人类赖以生存的土壤、空气和水的污染均日益加重,农副产品的种植和养殖受到巨大的威胁,政府对农产品的质量安全日益重视,绿色食品是顺应可持续发展的新思想、新潮流而诞生的。

(1)国际背景

在现代化发展进程中,人类过度的经济活动给资源和环境带来了许多问题,如臭氧破坏、温室效应、酸雨危害、海洋污染、热带雨林减少、珍稀野生动植物濒临灭绝、土地沙漠化、毒物及有害废弃物扩散等。这些问题产生的危害是十分严重的,而且影响深远,有的危害反过来又影响工农业生产,有的危害则直接影响人体健康。这些危害在20世纪80年代进一步显露出来,全球的环境和资源问题日益受到世人的关注。在这种背景下,人们提出了一种新的思想,即可持续发展思想。

1987年,世界环境与发展委员会提出了"2000年转向可持续农业的全球政策";1988年FAO制订了《可持续农业生产:对国际农业研究的要求》的政策性文件;1992年6月,联合国通过了《里约宣言》和《21世纪议程》等一系列重要文件,各国一致承诺把可持续发展的道路作为未来全球经济和社会长期共同发展的战略。我国的绿色食品就是在这一国际背景下产生的,并被国际组织称为发展中国家成功的可持续发展模式。

(2)国内背景

随着我国经济的发展、人口的增长,资源和环境承载的压力越来越大,相对短缺的资源和脆弱的环境受到日益严重的破坏和污染,对经济和社会持续发展带来的制约力越来越大。

经过了20世纪80年代的改革和发展,进入20世纪90年代后,城乡人民生活水平有了显著提高,对食物质量和结构上的要求都发生了明显的变化。此时,不能再走以牺牲环境和大量损耗资源为代价的老路,而必须把国民经济和社会发展建立在资源和环境可持续利用的基础上,走可持续的农业发展道路。农产品的供求过剩也促使农业发展由数量型向质量型、效益型发展的方向转变。

绿色食品正是在这样的条件下应运而生。1989年我国提出了绿色食品概念,1990年原农业部在全国范围内启动了绿色食品开发和管理工作。1992年正式成立中国绿色食品发展中心,负责全国绿色食品开发和管理工作。2012年原农业部发布了《绿色食品标志管理办法》。

2.绿色食品的概念

《绿色食品标志管理办法》所称绿色食品,是指产自优良生态环境、按照绿色食品标准生产、实行全程质量控制并获得绿色食品标志使用权的安全、优质食用农产品及相关产品。

绿色食品必须同时具备以下条件:

①产品或产品原料产地必须符合绿色食品生态环境质量标准。

②农作物种植、畜禽饲养、水产养殖及食品加工必须符合绿色食品的生产操作规程。

③产品必须符合绿色食品质量和卫生标准。

④产品外包装必须符合国家食品标签通用标准,符合绿色食品特定的包装和标签规定。

3.绿色食品的标志

绿色食品标志图形如图6-2所示,图形由三部分构成,即上方的太阳、下方的叶片和蓓蕾。标志图形为正圆形,意为保护安全。整个图形表达明媚阳光下的和谐生机,提醒人们保护环境创造自然界新的和谐。AA级绿色食品标志与字体为绿色,底色为白色;A级绿色食品标志与字体为白色,底色为绿色。告诉人们绿色食品是出自纯净、良好生态环境的安全、无污染食品,能给人们带来蓬勃的生命力。

AA级绿色食品标准要求,生产地的环境质量符合《绿色食品产地环境质量标准》,生产过程中不使用化学合成的农药、肥料、食品添加剂、饲料添加剂、兽药及有害于环境和人体健康的生产资料,而是通过使用有机肥、种植绿肥、作物轮作、生物或物理方法等技术,培肥土壤、控制病虫害、保护或提高产品品质,从而保证产品质量符合绿色食品标准要求。A级绿色食品标准要求,生产地的环境质量符合《绿色食品产地环境质量标准》,生产过程中严格按绿色食品生产资料使用准则和生产操作规程要求,限量使用限定的化学合成生产资料,并积极采用生物学技术和物理方法,保证产品质量符合绿色食品产品标准要求。

白底绿标志为AA级绿色食品　　　绿底白标志为A级绿色食品
图6-2　绿色食品的标志

绿色食品标志商标作为特定的产品质量证明商标,已由中国绿色食品发展中心在国家工商行政管理局注册,其商标专用权受《中华人民共和国商标法》保护。凡具有生产"绿色食品"条件的单位和个人自愿使用"绿色食品"标志者,须向中国绿色食品发展中心或省(自治区、直辖市)绿色食品办公室提出申请,经有关部门调查、检测、评价、审核和认证等一系列过程,合格者方可获得"绿色食品"标志使用权。标志使用期3年,到期后必须重新检测认证。这样既有利于约束和规范企业的经济行为,又有利于保护广大消费者的利益。

4.绿色食品标志使用申请程序

5.绿色食品标志使用有效期

绿色食品标志使用证书有效期3年。

证书有效期满,需要继续使用绿色食品标志的,标志使用人应当在有效期满3个月前向省级工作机构书面提出续用申请。省级工作机构应当在40个工作日内组织完成相关检查、检测及材料审核。初审合格的,由中国绿色食品发展中心在10个工作日内作出是否准予续用的决定。准予续用的,与标志使用人续签绿色食品标志使用合同,颁发新的绿色食品标志使用证书并公告;不予续用的,书面通知标志使用人并告知理由。

标志使用人逾期未提出续用申请,或者申请续用未获通过的,不得继续使用绿色食品标志。

6.绿色食品的管理

绿色食品标志是在经过权威机构认证的绿色食品上使用,是区分此类食品与普通食品的特定标志。该标志已经作为我国第一例质量证明商标由中国绿色食品发展中心在国家商标局注册,受法律保护。

绿色食品组织管理体系包括检查监督体系、监督检验测试体系和市场监管体系等。原农业部负责组织实施绿色食品的质量监督和认证工作,中国绿色食品发展中心依据标准认定绿色食品,依据《商标法》实施绿色食品标志管理。中国绿色食品发展中心开展绿色食品认证和绿色食品标志许可工作,可以收取绿色食品认证费和标志使用费。

绿色食品标志的管理具有标准化、法制化两大特点。所谓标准化就是指把可能影响最终产品质量的生产全过程(从农田到餐桌)逐环节制定出严格的量化标准,并按照国际通行的质量认证程序检查其是否达标,确保认定本身的科学性、权威性和公正性。所谓法制化就是指依法管理,依据《商标法》《反不正当竞争法》《广告法》及《产品质量法》等法律法规,切实规范生产者和经营者的行为,打击市场假冒伪劣现象,维护生产者、经营者和消费者的合法权益。

（三）有机食品认证

为了维护消费者、生产者和销售者合法权益,进一步提高有机产品质量,加强有机产品认证管理,促进生态环境保护和可持续发展,根据《中华人民共和国产品质量法》《中华人民共和国进出口商品检验法》《中华人民共和国认证认可条例》等法律、行政法规的规定,原国家质量监督检验检疫总局制定《有机产品认证管理办法》。在中华人民共和国境内从事有机产品认证及获证有机产品生产、加工、进口和销售活动,应当遵守《有机产品认证管理办法》。

1.有机农业与有机食品的概念

（1）有机农业

有机农业是指在动植物生产过程中不使用化学合成的农药、化肥、生产调节剂和饲料添加剂等物质,而是按照生态学原理和自然规律,遵循土壤、植物、动物、微生物、人类、生态系统和环境之间相互作用的原则,协调种植业和养殖业的平衡,采取一系列可持续发展的农业技术,维持农业生态系统持续稳定的一种农业生产方式。有机农业在世界上有各种称谓,如再生农业、生物农业、生物有机农业、生物动力农业、生态农业和自然农业等。

（2）有机食品

有机食品是指来自有机农业生产体系,根据国际有机农业生产要求和相应的标准生产加工的、并通过有资质的有机认证机构认证的食品,包括粮食、蔬菜、水果、奶制品、禽畜产品、蜂蜜、水产品及调料等。有机食品也称生物食品、生态食品等。有机食品与国内其他优质食品的最显著差别是,前者在其生产和加工过程中绝对禁止使用农药、化肥和激素等人工合成物质,后者则允许有限制地使用这些物质。因此,有机食品的生产要比其他食品难,需要建立全新的生产体系,采用相应的替代技术。有机食品是一类真正源于自然、富营养、高品质的环保型安全食品。除有机食品外,还有有机化妆品、纺织品、林产品、生物农药和有机肥料等,它们被统称为有机产品。

2.世界有机农业与有机食品的发展

有机农业概念的起源最早可以追溯到20世纪初,当时的美国农业部土地管理局局长富兰克林·金（Franklin Hyde King）在考察和总结了中国农业历经数千年兴盛不衰的经验后,于1911年写成《四千年的农民》一书,书中对于中国人以人畜粪便和塘泥等一切有机废弃物还田以种植农作物的方法进行了系统性阐述。

英国植物病理学家霍华德（Albert Howard）受金影响,进一步深入总结和研究了中国传统农业的经验,首次提出了有机农业的思想。

为推动有机农业和有机食品的进一步发展,来自英国、瑞典、南非、美国和法国5个国家的代表于1972年11月5日在法国成立了国际有机农业运动联盟（International Federal of Organic Agriculture Movement,IPOAM）。美国于1974年制定了有机农业法规。国际有机农业运动联盟于1980年制定了《有机食品生产和加工基本标准》,并且每2年修订一次。虽然这不是一个官方的标准,但很多国家在制定相关的标准时都参考了这个标准。法国于1985年采用了有机农业法规。1990年,德国成立了世界上最大的有机产品贸易机构——生物行业商品交易会。欧盟于1991年通过了欧盟有机农业法案——《有机农业和有机农产品与有机食品标志法案》。北美、澳大利亚、日本等主要有机产品生产地,都相继颁布和实施了有机农业法规,如日本农林水产省于2000年6月发布了关于有机食品检查和认证标准,在日本市场上销售的有机食品都必须统一标识"日本有机食品标志"。各国政府通过立法规范有机农业生产,随着公众对生态、环境和健康意识的增强,扩大了对有机产品的需求规模,有机农业在研究、生产和贸易上都获得了前所未有的发展。

1999年,国际有机农业运动联盟与联合国粮农组织共同制订了"有机农产品生产、加工、标识和销售准则",对促进有机农业的国际标准化生产具有积极的意义。

据生态和农业基金会（Stiftung Oekologie & Landbau,SOEL）统计,目前有机农业遍布100多个国家和地区。大洋洲、欧洲和拉丁美洲等地发达国家的有机农业发展迅速。发展中国家有机农业发展的潜力也在增强。随着全球化进程的加快,一些发展中国家,如阿根廷、巴西、智利、中国、埃及、印度、马来西亚、菲律宾和南非等,占世界有机产品市场的份额在逐步上升。政府、国际组织和非政府组织对有机农业的发展日益重视,也将对促进国际有机产品贸易起积极作用。

3.我国有机农业与有机食品的发展

从 20 世纪 80 年代开始,我国在浙江、江苏、安徽、北京和辽宁等地展开了生态农业示范建设。1989 年,多年从事生态农业研究的国家环境保护局南京环境科学研究所农村生态研究室加入了国际有机农业运动联盟,成为中国第一个国际有机农业运动联盟成员。目前,中国的国际有机农业运动联盟成员已经发展到 40 多个。1990 年,根据浙江省茶叶进出口公司和荷兰阿姆斯特丹茶叶贸易公司的申请,荷兰有机认证机构 SKAL 对位于我国浙江省、安徽省的两个茶园和两个茶叶加工厂实施了有机认证检查。此后,浙江省临安市的裴后茶园和临安茶厂获得了荷兰 SKAL 的有机认证,这是中国大陆的农场和加工厂第一次获得有机认证。截至 2019 年,我国有机产品认证企业超过 13000 家。十多年间,我国的有机产品生产行业发展迅速。

随着社会的发展和经济全球一体化步伐进一步加快,我国农业发展面临的问题也越来越突出,尤其是农产品质量与安全问题,已经引起社会越来越广泛的关注。农业生产为获得高产而大量使用化肥和农药,带来了诸如食品污染、生物多样性减少及生态失衡等一系列问题,并由此引发了多起农产品安全事件。农产品的农药残留超标问题一直困扰着我国农产品出口贸易的健康发展。在中国多数地方曾经存在的适宜于持续发展的传统农业逐渐消失。有机农业作为当前世界农业发展的重要方向和主导模式之一,遵循的是一种健康、可持续的发展理念,在当前及今后一个时期内,在解决我国面临的农产品质量、安全问题和提高农业可持续生产能力方面将发挥重要的作用。

1992 年,为保障食品安全,原中国农业部成立了"中国绿色食品发展中心",为在全国发展有机农业奠定了良好的基础。

1994 年,经国家环境保护局批准,国家环境保护局南京环境科学研究所农村生态研究室改组成为"国家环境保护总局有机食品发展中心"(Organic Food Development Center of SEPA,OFDC)(2003 年改称为"南京国环有机产品认证中心"),标志着我国向有机食品生产迈出了实质性步伐。自 1995 年开始认证工作以来,先后通过 OFDC 认证的农场和加工厂已超过 300 家。

1999 年,中国农业科学院茶叶研究所成立了有机茶研究与发展中心,专门从事有机茶园、有机茶叶加工及有机茶专用肥的检查和认证,2003 年该中心更名为"杭州中农质量认证中心"并获得国家认证认可监督管理委员会的登记,通过该中心认证的茶园和茶叶加工厂已超过 200 家。

2002 年 10 月,原农业部组建了"华夏有机食品认证中心",是中国国家认证认可监督管理委员会批准设立的国内第一家有机食品认证机构,并获得中国合格评定国家认可委员会的认可。为规范有机食品认证管理,促进有机食品健康和有序发展,防止农药、化肥等对环境的污染和破坏,保障人体健康,保护生态环境,国家环境保护总局于 2001 年 4 月 27 日颁布实施了《有机食品认证管理办法》《有机认证标准》《有机食品技术规范》等规范性文件,一起对我国的有机食品进行管理。但是,在实际的认证活动中却存在着认证依据标准不一致的问题。同时,对认证机构、认证人员及认证的标准要求也经常处于不一致的状况中。另外,我国的有机产品在出口过程中要受到进口国的各种技术壁垒的重重制约,但由于我国没有相关规定而使得国外的产品进入我国市场后却不会受到任何约束。这些问题的存在都严重影响了有机产品在我国的声誉,影响了行业的发展。

2003 年 11 月 1 日,《中华人民共和国认证认可条例》正式颁布实施,有机产品(食品)认证工作由国务院授权的国家认证认可监督管理委员会统一管理,进入规范化阶段。为进一步促进有机产品生产、加工和贸易的发展,规范有机产品认证活动,提高有机产品的质量和管理水平,原国家质量监督检验检疫总局于 2004 年 9 月 27 日制定了《有机产品认证管理办法》(质检总局 67 号令);但在 2014 年 4 月 1 日起开始施行新的《有机产品认证管理办法》,同时废止了原《有机产品认证管理办法》。

2005 年,我国颁布实施了 GB/T 19630 系列有机产品标准;2011 年颁布了修订版标准;在 2019 年又颁布了新版的 GB/T 19630 有机产品标准,代替原来的 2011 年系列标准,并于 2020 年 1 月 1 日实施。

4.有机食品的认证程序

5.认证标志与管理

(1)有机认证标志(图 6-3)

图 6-3 中国有机产品的标志

有机认证标志是对有机产品的一种证明,有机认证标志不应由有机认证证书持有者而应该由有机认证机构或认证机构的监管部门设计和申请注册。

认证机构应按照《认证证书和认证标志管理办法》和《有机产品认证管理办法》的规定

使用相关标志。认证机构自行制定的认证标志应当报国家认证认可监督管理委员会备案。有机认证机构只能在其获得认可机构认可的范围内向获得认证的单位颁发标志使用准用证。

（2）认证后管理

认证机构应制定认证标志或其他认证说明的使用规则和程序文件，这些规则应要求持证者只能在其获准的范围内采用获准的方式使用认证标志，不允许以可能误导消费者的方式使用标志。有机认证机构在向获证单位授予有机认证机构的标志使用权时，应出示相关的标志注册文件，展示其对标志的所有权或控制权。当有机认证机构向获得认证的单位颁发其有机认证使用授权证时，必须规定允许其使用的时段，以及使用范围和方法。

允许持证者在其产品上使用有机认证标志的授权书的有效期一般为 1 年，在此期间，认证机构应对有机认证证书和认证标志的所有权、使用和宣传展示情况进行跟踪管理，确保使用有机标志/标识的产品与认证证书规定范围一致（包括标志的数量）。认证机构应及时获得有关变更的信息，并采取适当的措施进行管理，以确保获得认证的单位或个人符合认证的要求。违反《有机产品认证管理办法》第二十七条的规定，认证机构应及时撤销或暂停其认证证书，要求其停止使用认证标志/标识，并对外公布。

（四）地理标志产品认证

为了有效保护我国的地理标志产品，规范地理标志产品名称和专用标志的使用，保证地理标志产品的质量和特色，根据《中华人民共和国产品质量法》《中华人民共和国标准化法》等有关规定，原国家质量监督检验检疫总局制定了《地理标志产品保护规定》。经审核批准以地理名称进行命名的产品包括：来自本地区的种植、养殖产品，原材料全部来自本地区或部分来自其他地区并在本地区按照特定工艺生产和加工的产品两类。《地理标志产品保护规定》适用于对地理标志产品的申请受理、审核批准、地理标志专用标志注册登记和监督管理工作。

《地理标志产品保护规定》于 2005 年 5 月 16 日经原国家质量监督检验检疫总局局务会议审议通过，自 2005 年 7 月 15 日起施行。

1.地理标志产品的概念

地理标志产品，是指产自于特定地域，所具有的质量、声誉或其他特性本质上取决于该产地的自然因素和人文因素，经审核批准以地理名称进行命名的产品。

地理标志产品包括：

①来本地区的种植、养殖产品。

②原材料全部来自本地区或部分来自其他地区，并在本地区按照特定工艺生产和加工的产品。

2.地理标志产品保护的申请

① 地理标志产品保护申请，由当地县级以上人民政府指定的地理标志产品保护申请

机构或人民政府认定的协会和企业（以下简称申请人）提出，并征求相关部门意见。

②申请保护的产品在县域范围内的，由县级人民政府提出产地范围的建议；跨县域范围的，由地市级人民政府提出产地范围的建议；跨地市范围的，由省级人民政府提出产地范围的建议。

③申请人应提交以下资料：

A.有关地方政府关于划定地理标志产品产地范围的建议。

B.有关地方政府成立申请机构或认定协会、企业作为申请人的文件。

C.地理标志产品的证明材料，包括地理标志产品保护申请书；产品名称、类别、产地范围及地理特征的说明；产品的理化、感官等质量特色及其与产地的自然因素和人文因素之间关系的说明。

D.产品生产技术规范（包括产品加工工艺、安全卫生要求、加工设备的技术要求等）。

E.产品的知名度，产品生产、销售情况及历史渊源的说明。

④拟申请的地理标志产品的技术标准。

⑤出口企业的地理标志产品的保护申请向本辖区内出入境检验检疫部门提出；按地域提出的地理标志产品的保护申请和其他地理标志产品的保护申请向当地（县级或县级以上）质量技术监督部门提出。

3.地理标志产品保护的审核及批准

（五）保健食品认证

1.保健食品概述

保健食品是指具有特定保健功能的食品，即适宜于特定人群食用、具有调节机体功能、不以治病为目的的食品。

根据国家食品药品监督管理局提出的保健食品可以申报的功能，保健食品可分为28大类，包括增强免疫力、抗氧化、辅助改善记忆、改善生长发育、缓解体力疲劳、减肥、提高缺氧耐力、对辐射危害有辅助保护功能、辅助降血脂、辅助降血糖、改善睡眠、改善营养性贫血、对化学性肝损伤有辅助保护作用、促进泌乳、缓解视疲劳、促进排铅、清咽、辅助降血压、增加骨密度、调节肠道菌群、促进消化、通便、对胃黏膜有辅助保护作用、祛痤疮、祛黄褐斑、改善皮肤水分、改善皮肤油分和营养补充剂。

保健食品的安全问题一直是消费者关心的话题。为规范我国保健食品市场，1996年3月15日卫生部令第46号发布了《保健食品管理办法》，国家技术监督局在1997年发布了GB 16740—1997《保健（功能）食品通用标准》，但现在已被GB 16740—2014《食品安全国家

标准　保健食品》代替。卫生部于 1998 年颁布了 GB 17405—1998《保健食品良好生产规范》，并从 2002 年起开始积极推进保健食品企业 GMP 和 HACCP 管理认证工作。国家食品药品监督管理局于 2016 年审议通过《保健食品注册与备案管理办法》。2015 年 10 月 1 日起施行的《食品安全法》要求对保健食品实行严格的监督管理。如其中第七十五条规定：保健食品声称保健功能，应当具有科学依据，不得对人体产生急性、亚急性或者慢性危害。保健食品原料目录和允许保健食品声称的保健功能目录，由国务院食品药品监督管理部门会同国务院卫生行政部门、国家中医药管理部门制定、调整并公布。保健食品原料目录应当包括原料名称、用量及其对应的功效；列入保健食品原料目录的原料只能用于保健食品生产，不得用于其他食品生产。

为规范保健食品的注册与备案，根据《中华人民共和国食品安全法》，国家食品药品监督管理总局于 2016 年 2 月 4 日国家食品药品监督管理总局局务会议审议通过《保健食品注册与备案管理办法》，自 2016 年 7 月 1 日起施行，并根据 2020 年 10 月 23 日国家市场监督管理总局令第 31 号进行了最新的修订。

2.保健食品的产品注册

使用保健食品原料目录以外原料（以下简称目录外原料）的保健食品和首次进口的保健食品（属于补充维生素、矿物质等营养物质的保健食品除外）均应当申请保健食品注册。

①国产保健食品注册申请人应当是在中国境内登记的法人或者其他组织；进口保健食品注册申请人应当是上市保健食品的境外生产厂商。申请进口保健食品注册的，应当由其常驻中国代表机构或者由其委托中国境内的代理机构办理。

②申请保健食品注册应当提交下列材料：

A. 保健食品注册申请表，以及申请人对申请材料真实性负责的法律责任承诺书。

B. 注册申请人主体登记证明文件复印件。

C. 产品研发报告，包括研发人、研发时间、研制过程和中试规模以上的验证数据，目录外原料及产品安全性、保健功能、质量可控性的论证报告和相关科学依据，以及根据研发结果综合确定的产品技术要求等。

D. 产品配方材料，包括原料和辅料的名称及用量、生产工艺、质量标准，必要时还应当按照规定提供原料使用依据、使用部位的说明、检验合格证明和品种鉴定报告等。

E. 产品生产工艺材料，包括生产工艺流程简图及说明，关键工艺控制点及说明。

F. 安全性和保健功能评价材料，包括目录外原料及产品的安全性、保健功能试验评价材料，人群食用评价材料；功效成分或者标志性成分、卫生学、稳定性、菌种鉴定、菌种毒力等试验报告，以及涉及兴奋剂、违禁药物成分等检测报告。

G. 直接接触保健食品的包装材料种类、名称、相关标准等。

H. 产品标签、说明书样稿；产品名称中的通用名与注册的药品名称不重名的检索材料。

I. 3 个最小销售包装样品。

J.其他与产品注册审评相关的材料。

3.保健食品标签和说明书的要求

①申请保健食品注册或者备案的,产品标签、说明书样稿应当包括产品名称、原料、辅料、功效成分或者标志性成分及含量、适宜人群、不适宜人群、保健功能、食用量及食用方法、规格、贮藏方法、保质期、注意事项等内容及相关制定依据和说明等。

②保健食品的标签、说明书主要内容不得涉及疾病预防、治疗功能,并声明"本品不能代替药物"。

③ 保健食品的名称由商标名、通用名和属性名组成。

A.商标名,是指保健食品使用依法注册的商标名称或者符合《商标法》规定的未注册的商标名称,用以表明其产品是独有的、区别于其他同类产品。

B.通用名,是指表明产品主要原料等特性的名称。

C.属性名,是指表明产品剂型或者食品分类属性等的名称。

④ 保健食品名称不得含有下列内容:

A.虚假、夸大或者绝对化的词语。

B.明示或者暗示预防、治疗功能的词语。

C.庸俗或者带有封建迷信色彩的词语。

D.人体组织器官等词语。

E.除"®"之外的符号。

F.其他误导消费者的词语。

保健食品名称不得含有人名、地名、汉语拼音、字母及数字等,但注册商标作为商标名、通用名中含有符合国家规定的含字母及数字的原料名除外。

⑤通用名不得含有下列内容:

A.已经注册的药品通用名,但以原料名称命名或者保健食品注册批准在先的除外。

B.保健功能名称或者与表述产品保健功能相关的文字。

C.易产生误导的原料简写名称。

D.营养素补充剂产品配方中部分维生素或者矿物质。

E.法律法规规定禁止使用的其他词语。

⑥备案保健食品通用名应当以规范的原料名称命名。

⑦同一企业不得使用同一配方注册或者备案不同名称的保健食品;不得使用同一名称注册或者备案不同配方的保健食品。

(六)非转基因身份保持(IP)认证

1.概述

转基因食品是指科学家在实验室中,把动植物的基因加以改变,再制造出的具备新特征的食品种类。随着生物技术的发展,目前国际上已经实现了部分转基因食品的产业化,也逐步走向了消费者的"餐桌"。

学术界对转基因食品的安全性存在较大的争议,从技术研究和安全评价的角度尚无法实现对转基因食品是否安全做出明确的结论。因此,国际上不同国家对转基因食品的管理也采取了不同的措施和办法。

美国政府对转基因食品的管理相对宽松。美国主张,只要在科学上无法证明它有危险性,就不应该限制。为加强对转基因作物的管理,美国白宫科技政策办公室最近又提出了一项新建议。根据该建议,即使是在风险还不明显的小规模种植阶段,投入田间试验的转基因作物也需接受 FDA、EPA 等部门的安全性评估。与美国现有的转基因作物田间试验管理措施相比,新建议在尺度上更为严格,主要体现在对田间试验进行安全性检测的时间有所提前。

相对于美国,欧盟对于转基因食品的态度则要严格、复杂得多。欧洲国家认为,只要不能否定转基因食品的危险性,就应该加以限制。欧盟国家规定所有转基因产品都必须有标签清楚地标明"本产品为转基因产品",并迫使使用转基因产品的企业经营者追踪所有转基因产品从生产到出售的全过程。欧盟新成立的食品安全机构将负责评估所有新推出的生物技术产品的安全性,然后做出是否允许这些产品进入市场的决定。

转基因食品在加拿大被作为新资源食品进行监管。加拿大对新资源食品实施上市审批制度。要求新资源食品的制造商或进口商在产品上市前向加拿大卫生部提交申请,申请材料包括新资源食品名称、制造商或进口商主要营业地名称及地址、产品描述、标签等。审批通过后方可上市售卖。目前批准的转基因食品有四类,分别为玉米、大豆、马铃薯和番茄。

我国目前关于转基因食品的管理,部分参照了欧盟的做法,实施转基因食品的"标识"制度。欧盟和日本等国家和地区为了加强对转基因和非转基因农产品的管理,除了对转基因食品进行标识管理制度外,还建立和实施了非转基因身份保持(Non – GM Ldentrty Preservation,IP)认证制度。IP 认证体系是指企业为保持产品的特定身份(非转基因身份)而建立的保证体系。通过对供应链每个阶段的控制、隔离、检测及审核评估,确保非转基因产品含有最低的转基因成分,并保持详尽而完整的资料、数据记录及相关证书。

2.非转基因身份保持(IP)认证的意义

(1)有助于保护消费者的知情权,科学引导消费

我国食品安全形势的严峻性促进了消费者消费意识的变化,多数消费者购买食品时,逐步走向"选择性"消费。实施 IP 认证后,将在获得认证后的产品外包装上进行标示,表明"非转基因"身份,结合我国现已实施的"转基因食品"标示制度,增加产品身份透明度,通过标示和可追溯性信息,向消费者提供"身份透明"的产品,为消费者提供选择和知情的权利。

(2)有助于促进我国农产品贸易出口,推动农业和农村经济的发展

目前国际上针对转基因食品的不同立法倾向,严重影响了国际农产品贸易的发展。例如美国是世界上最大的转基因产品生产国家,原来是欧盟、日本等国家广大食品生产商的

重要食品原料基地,但随着各国严格的转基因食品法律法规的制定,尤其是转基因食品的标识要求,广大食品生产商和零售商纷纷采取非转基因政策,导致美国原有的食品、饲料原料市场迅速萎缩,而广大食品生产商纷纷向巴西、中国等国家寻求非转基因原料的供应。我国目前还没有开展大规模的转基因农作物的种植,因此实施 IP 认证,将有助于扩大我国农产品的出口,促进农产品贸易的发展。

（3）提升产品价值

IP 产品的种植对环境要求高,对各环节控制更加严格,所以收购价格较高,既在一定程度上提高了种植户的收入,也满足了中高端消费者或对转基因食品有较大疑虑的消费者的需要。

3.非转基因身份保持(IP)认证

在我国,目前尚没有建立统一的 IP 认证制度。IP 认证是中国检验认证集团(简称 CCIC)为适应国内企业发展需要,从国外引进的新兴认证项目。2003 年,CCIC 与欧盟转基因食品、饲料管理法规制定的主要顾问之一德国基因时代公司合作,制定了《非转基因身份保持(IP)认证技术规范》,成为国内第一家,也是目前唯一一家经国家认证认可监督管理委员会批准,可以从事非转基因身份保持(IP)认证的机构。

《非转基因身份保持(IP)认证技术规范》规定,IP 体系建立需采取两方面的措施,包括组织措施和物理措施两部分。

（1）组织措施

①受控供应链中所有参与方的承诺。

②建立文件体系。

③进行员工培训。

④采取控制措施。

⑤对不利事件的管理。

⑥供应商资质的审查。

（2）物理措施

①隔离。

②可追溯性。

③代表性取样和分析。

IP 认证证书有效期为 1 年。获得认证的组织在成功获得认证 6 个月以后接受监督审核,以确保 IP 体系运行的有效状态。

思考题

1.简答食品市场准入的核心内容。

2.什么是无公害食品?

3. 什么是绿色食品？绿色食品的认证程序是什么？

4. 什么是非转基因身份保持认证？

思政小课堂

项目七　食品经营过程相关法律法规

预期学习目标

1. 掌握预包装食品标签的通则要点；

2. 熟悉《食品经营许可管理办法》相关法律法规的内容；

3. 了解《食品召回管理办法》相关内容。

一、相关案例导读

案例1：为员工免费提供午餐，被罚5万是否合理？免费食堂也得办许可证？

2020年5月13日，海口市市场监督管理局综合保税区分局执法人员依法对海南某装饰有限公司单位食堂进行检查，发现当事人单位食堂涉嫌未取得食品经营许可，擅自从事餐饮服务活动。随即对当事人下达《监督意见书》和《询问通知书》，要求该公司立即停止餐饮服务活动。

经查，当事人主要经营建筑幕墙、铝合金门窗、塑钢门窗、玻璃门等业务。2020年4月13日，当事人在其住所开设食堂，按每人每天10元的标准为员工免费提供午餐，并由公司法定代表人的家庭保姆兼职厨师，食堂每天就餐人数为7~15人。至2020年5月20日止，共计支出2750元。至案发时该单位食堂尚未办理《食品经营许可证》，无违法所得。

（案例来源：海口市市场监督管理局官网）

讨论：你认为对当事人的处理是否恰当？为什么？

案例2：2016年7月26日，杨某在北京某超市花8280元购买了720袋花生。在花生包装所标注的营养成分表中，注明能量值为1571 kJ/100g，脂肪含量为29.9 g/100g。但经某食品安全检测技术有限公司检测，能量值为2484 kJ/100g，脂肪含量为46.3 g/100g。为此，杨某起诉要求商场退还8280元货款，并赔偿82800元，同时支付检测费900元和诉讼费。

一审判决杨某向超市退还717袋花生，同时超市退还杨某8280元货款，支付82800元赔偿款和900元检测费。判决后，超市提出上诉，要求撤销一审判决，驳回杨某的诉讼请求。

二审法院认为，《食品安全法》第26条、第71条规定，食品安全标准应当包括对与卫生、营养等食品安全要求有关的标签、标志、说明书的要求，食品和食品添加剂的标签、说明书，不得含有虚假内容，不得涉及疾病预防、治疗功能。根据《预包装食品营养标签通则》规定，预包装食品营养标签标示的任何营养信息，应真实、客观，不得标示虚假信息，不得夸大产品的营养作用或其他作用。此外，在产品保质期内，食品的能量和脂肪的允许误差范围是≤120%的标示值。

本案中，食品能量的检测结果大于产品标示值的120%，脂肪的检测结果大于产品标示值的120%,涉案食品标签标示的能量、脂肪的含量有误,故属于不符合食品安全标准的食品。超市未提交充分证据证明在采购涉案食品时履行了法定的进货查验义务,故应认定为销售明知是不符合食品安全标准的食品。(案例来源:新华网)

讨论:食品的营养标签应如何标注?

案例3:新华网评:提醒? 元气森林该好好反省!

"0 蔗糖"不等于"0 糖"。如果不是元气森林关于乳茶的"提醒",相信大多数消费者至今都难以区分这两者概念。但是元气森林的"提醒式道歉"和红包,并不能抚平消费者的愤怒:"道歉有用吗? 我的肥肉不接受道歉!"

在"高糖加速衰老、肥胖"的宣传认知下,"无糖""0 卡""0 脂肪"渐渐成为不少年轻人的追求。元气森林因为主打"无糖饮料",也迅速捕获了众多消费者的心。不承想,虽然其配料表上写得清楚,广告宣传却玩起了文字游戏,让消费者产生误解。

《广告法》第四条规定,广告不得含有引人误解的内容,不得欺骗、误导消费者。《消费者权益保护法》也明确提出,不得作虚假或者引人误解的宣传。有过硬的产品,就没必要耍一些"小聪明"。正如网友所言,"文字游戏一时爽,翻车塌房难收场"。

知错能改,善莫大焉。"用户第一"不能只是一句宣传语,消费者掏了钱,可不能再受骗。最后也提醒一句,为了获得更好的健康,拿起保温杯吧,多喝水。(案例来源:界面新闻)

讨论:试分析食品标签中存在的问题与原因?

二、《食品经营许可管理办法》

(一)《食品经营许可管理办法》概述

国家食品药品监督管理总局为了贯彻落实新《食品安全法》,实现风险管控、科学监管,经过广泛调研、多次论证,在吸收借鉴国内外经验,深入分析研究食品销售和餐饮服务活动特点的基础上,决定将食品流通和餐饮服务许可整合为食品经营许可,制定形成《食品经营许可管理办法》,2015 年 8 月 31 日国家食品药品监督管理总局令第 17 号公布,于2015 年 10 月 1 日起施行,并根据 2017 年 11 月 7 日国家食品药品监督管理总局局务会议《关于修改部分规章的决定》修正。为规范食品经营许可活动,保障食品安全,根据《中华人民共和国食品安全法》《中华人民共和国行政许可法》《中华人民共和国食品安全法实施条例》等法律法规,国家市场监督管理总局于 2020 年 8 月 6 日发布了《食品经营许可管理办法(征求意见稿)》。

食品经营许可是通过事先审查的方式,提高食品安全保障水平的重要预防性措施。

(二)《食品经营许可管理办法》要点与案例详解

1.一地一证原则

食品经营许可实行一地一证原则,即食品经营者在一个经营场所从事食品经营活动,应当取得一个食品经营许可证。

2.食品经营必须"先照后证"

《食品经营许可管理办法》第九条规定:申请食品经营许可,应当先行取得营业执照等合法主体资格;企业法人、合伙企业、个人独资企业、个体工商户等,以营业执照载明的主体作为申请人;机关、事业单位、社会团体、民办非企业单位、企业等申办单位食堂,以机关或者事业单位法人登记证、社会团体登记证或者营业执照等载明的主体作为申请人。

3.食品经营许可分为3种经营主体业态、10个经营项目,实施分类许可

3种经营主体业态是食品销售经营者、餐饮服务经营者、单位食堂。10个经营项目分别为预包装食品销售、散装食品销售、特殊食品销售、其他类食品销售;热食类食品制售、冷食类食品制售、生食类食品制售、糕点类食品制售、自制饮品制售、其他类食品制售。

4.申请食品经营许可的条件

包括以下5点:

①场所环境条件。

②设备设施条件。

③人员制度条件。

④布局流程条件。

⑤法律法规规定的其他条件。

5.申请预包装食品销售可以不现场核查

县级以上地方食品药品监督管理部门应当对申请人提交的许可申请材料进行审查。需要对申请材料的实质内容进行核实的,应当进行现场核查。仅申请预包装食品销售(不含冷藏冷冻食品)的,以及食品经营许可变更不改变设施和布局的,可以不进行现场核查。

6.食品经营许可证有效期

食品经营许可证发证日期为许可决定作出的日期,有效期为5年。

7.食品经营许可证内容

食品经营许可证应当载明:经营者名称、社会信用代码、法定代表人(负责人)、住所、经营场所、主体业态、经营项目、许可证编号、有效期、投诉举报电话、发证机关、发证日期和二维码。

在经营场所外设置仓库(包括自有和租赁)的,还应当在副本中载明仓库具体地址。

8.规定了监管职责

《食品经营许可管理办法》第六章第三十九至四十四条,规定了各级食品药品监督管理部门的职责任务。第七章第四十五至五十一条,明确许可申请人、被许可人、食品经营者、食品药品监督管理部门违反本《食品经营许可管理办法》规定的相关行政处罚条款。

【案例分析】

个体食品经营户陈某因疏忽大意,在食品经营许可证5年有效期届满后未及时申请延续。基层执法人员认为陈某的行为违法,拟定性为无证经营食品违法行为。

案件进入核审阶段后,法制机构提出不同意见。

①许可证到期未延续不构成无证经营。

《无照经营查处取缔办法》第四条第一款第（四）项规定，营业执照有效期届满后未按规定重新办理登记手续继续从事经营活动的，属于无照经营行为。

与此不同，《食品经营许可管理办法》（包括之前的《食品流通许可证管理办法》）并未作出类似规定。

②食品经营许可属于《行政许可法》规定的有期限的行政许可

现行法律规范仅对许可证到期后如何办理延续及不再经营的注销等程序作出规定。

《食品经营许可管理办法》第十九条规定，食品经营许可证发证日期为许可决定作出的日期，有效期为 5 年。

《食品经营许可管理办法》第二十九条规定，食品经营者需要延续依法取得的食品经营许可的有效期的，应当在该食品经营许可有效期届满 30 个工作日前，向原发证的食品药品监督管理部门提出申请。

《食品经营许可管理办法》第三十七条规定，有下列情形之一，食品经营者未按规定申请办理注销手续的，原发证的食品药品监督管理部门应当依法办理食品经营许可注销手续。

①食品经营许可有效期届满未申请延续的。

②食品经营者主体资格依法终止的。

③食品经营许可依法被撤回、撤销或者食品经营许可证依法被吊销的。

④因不可抗力导致食品经营许可事项无法实施的。

⑤法律法规定的应当注销食品经营许可的其他情形。

根据上述规定，法制机构认为，在登记机关依法作出注销登记之前，当事人的食品经营许可证虽已到期，但不构成食品无证经营行为。

三、《食品召回管理办法》

为加强食品生产经营管理，减少和避免不安全食品的危害，保障公众身体健康和生命安全，根据《中华人民共和国食品安全法》及其实施条例等法律法规的规定，国家食品药品监督管理总局制定《食品召回管理办法》，自 2015 年 9 月 1 日起施行，并根据 2020 年 10 月 23 日国家市场监督管理总局令第 31 号进行了最新的修订。

（一）《食品召回管理办法》概述

食品召回制度是消除缺陷食品危害风险的制度，是食品安全控制体系的重要一环，也是世界公认的解决食品安全问题的有效手段。通过对不安全食品的召回，可有效防止食品安全事件的发生或阻止其进一步扩大，避免更多人的生命健康利益受到侵害，促进社会的稳定发展。

1.我国食品召回制度的发展

食品召回在我国起步较晚，1995 年修订颁布的《食品卫生法》首先对食品召回问题做出了规定,即对于禁止生产经营的食品以及生产经营不符合营养、卫生标准的专供婴幼儿主、辅食品的,责令停止生产经营,立即公告收回已售出的食品,并销毁该食品。其中所涉及的问题食品的公告收回是我国关于食品召回制度的雏形,此时的食品召回制度还不是现代意义的食品召回。

2007年,国家质检总局在《产品质量法》《食品卫生法》《国务院关于加强食品等产品安全监督管理的特别规定》等法律法规的基础上制定发布了《食品召回管理规定》,对食品召回的范围、类型、级别、召回后的处理、监督管理及法律责任等做出了较为明确的规定。该规定是第一部以国家名义出台的针对食品召回的部门规章,至此我国食品召回制度框架基本形成。

2009年颁布的《食品安全法》明确规定国家建立食品召回制度,进一步完善了我国食品召回制度的内容。2015年修订颁布的《食品安全法》在保留原《食品安全法》对于食品召回的有关合理内容外,进一步对食品召回做出了修改和完善。包括对实施召回的范围由不符合食品安全标准调整为不符合食品安全标准或有证据表明可能危害人体健康的;增加了防止不安全食品再次流入市场以及区别对待因标签、标志或说明书不符合食品安全标准的而召回的情况;食品召回监督管理部门由质量监督部门改为食品药品监督管理部门等内容。

为了配合和有效执行2015年修订颁布的《食品安全法》中有关食品召回的相关规定,国家食品药品监督管理总局在充分吸收借鉴国内外有益经验的基础上,经广泛调研、多次论证,起草了《食品召回和停止经营监督管理办法》并于2014年8月公开征求社会意见后,最终形成了《食品召回管理办法》,于2015年2月9日经国家食品药品监督管理总局局务会议审议通过。该办法于2015年9月1日起正式实施,对于我国境内不安全食品的停止生产经营、召回和处置及其监督管理做了明确详细的规定。该办法根据2020年10月23日国家市场监督管理总局令第31号进行了修订。《食品召回管理办法》的全面施行标志着我国食品召回制度正式迈向了一个新的发展阶段。

2.食品召回制度的意义

食品召回制度关注的是最终消费品,这种方式将促使食品生产商、进口商和经销商在因召回而产生的经济损失与提高食品质量而增加的成本之间进行博弈,促使相关方加强自身管理,同时会在产品质量上提高对供货商的要求。

实施食品召回制度可以净化市场环境。食品召回制度的目的是保护消费者的合法权益,督促生产经营者提高食品质量水平。在政府强制召回的压力下,使得生产厂商对自身提出了更高的要求,质量差、技术落后、存在安全隐患、造成污染环境的产品将被逐出市场,不法厂商将无立足之地。

实施食品召回制度可以维护社会稳定。食品召回制度的实施是维护社会稳定和民生的重要举措。食品行业覆盖面广、从业人员多,在国民经济中占有重要比重,食品安全问题会导致巨大的经济损失。不安全食品在严重危害人身健康的同时也给民众造成了很大的心理恐惧与障碍。尽快解决我国食品安全面临的问题，完善监管手段，对维护社会稳定和改善民生必将发挥重要作用。

（二）《食品召回管理办法》要点

《食品召回管理办法》的主要内容体现在：一是强化食品安全风险防控；二是强化企业主体责任落实；三是强化依法严格监管。

1.强化食品安全风险防控

①在生产经营过程中发现不安全食品的，食品生产经营者应当立即停止生产经营；产品已经进入市场的，食品生产经营者应当严格按照期限召回不安全食品，并告知相关食品生产经营者停止生产经营、消费者停止食用，并采取必要的措施防控食品安全风险。

②食品集中交易市场的开办者、食品经营柜台的出租者、食品展销会的举办者、网络食品交易第三方平台提供者发现不安全食品的，应当及时采取有效措施确保相关经营者停止经营不安全食品。

③规范食品生产经营者召回时限。一级召回是食用后已经或者可能导致严重健康损害甚至死亡的，应当在知悉食品安全风险后 24 小时内启动，在 10 个工作日内完成；二级召回是食用后已经或者可能导致一般健康损害的，应当在知悉食品安全风险后 48 小时内启动，在 20 个工作日内完成；三级召回是对标签、标识存在虚假标注的食品，应当在知悉相关食品安全风险后 72 小时内启动，在 30 个工作日内完成。

④对违法添加非食用物质、腐败变质、病死畜禽等严重危害人体健康和生命安全的不安全食品，应当立即就地销毁。

2.强化企业主体责任落实

（1）明确主体义务

食品生产经营者应当承担食品安全第一责任人的义务，依法履行不安全食品的停止生产经营、召回和处置责任。

（2）规范公告发布

食品生产经营者应当在省级以上市场监督管理部门部门网站和主要媒体上发布不安全食品召回公告。

（3）严格书面报告

不安全食品存在较大食品安全风险的，食品生产经营者应当在停止生产经营、召回和处置不安全食品结束后 5 个工作日内向市场监督管理部门书面报告。

（4）规范信息记录

食品生产经营者应当如实记录停止生产经营、召回和处置不安全食品的名称、商标、规格、生产日期、批次、数量等内容。记录保存期限不得少于 2 年。

（5）强化责任追究

对不立即停止生产经营、不主动召回、不按规定时限启动召回、不按照召回计划召回不安全食品或者不按照规定处置不安全食品等行为均设定了法律责任。在强化食品生产经营者主体责任的同时,还规定对食品生产经营者主动采取停止生产经营、召回和处置不安全食品措施,消除或者减轻危害后果的,依法从轻或者减轻处罚;违法情节轻微并及时纠正,没有造成危害后果的,不予行政处罚。

3.强化依法严格监管

（1）依法责令履行

食品生产经营者未依法停止生产经营、召回和处置不安全食品的,县级以上市场监督管理部门可以责令其履行上述义务。

（2）发布预警信息

为有效防控风险,市场监督管理部门可以发布预警信息,要求相关食品生产经营者停止生产经营不安全食品,并提示消费者停止食用。

（3）现场监督检查

市场监督管理部门可以对食品生产经营者停止生产经营、召回和处置不安全食品情况进行现场监督检查。

（4）开展效果评价

市场监督管理部门可以对食品生产经营者提交的不安全食品停止生产经营、召回和处置报告进行评价。评价结论认为食品生产经营者采取的措施不足以控制食品安全风险的,市场监督管理部门应当责令食品生产经营者采取更为有效的措施停止生产经营、召回和处置不安全食品。市场监督管理部门组织建立食品安全专家库,为不安全食品的停止生产经营、召回和处置提供专业支持。

（5）强化责任落实

市场监督管理部门不依法履行职责,造成不良后果的,依法对直接负责的主管人员和其他直接责任人员给予行政处分。

国家市场监督管理总局要求各地食品药品监管部门认真做好《食品召回管理办法》的宣传贯彻工作,进一步规范不安全食品的停止生产经营、召回和处置工作,不断提高食品安全监管能力和水平,有效防控食品安全风险,确保公众饮食安全。

四、食品标签相关标准

（一）《预包装食品标签通则》

1.《预包装食品标签通则》全文

2.《预包装食品标签通则》概述与意义

食品标签是向消费者传递信息,展示商品特征和性能的一种形式。随着市场经济的发展和商品的激烈竞争,标签在进行公平交易、引导消费上的作用越来越重要。什么是食品标签？GB 7718—2011《食品安全国家标准 预包装食品标签通则》中这样定义:食品标签是食品包装上的文字、图形、符号及一切说明物。凡在市场上销售的本国生产和进口的预包装食品,都应具有食品标签。

(1)《预包装食品标签通则》的概述

1987 年,我国首次发布了 GB 7718—1987《食品标签通用标准》并于 1988 年正式实施。从此我国食品标签开始步入标准化轨道。1989 年 4 月 1 日《中华人民共和国标准化法》实施后,国家技术监督局将《食品标签通用标准》列为强制性国家标准。此外,我国还先后颁布实施了 GB 10789—1989《软饮料的分类》、GB 10344—1989《饮料酒标签标准》、GB 13432—1992《特殊营养食品标签》,以及在《保健食品管理办法》中制订了关于保健食品标签的规定。

我国多次进行了全国性食品标签检查,使食品标签合格率逐年提高。1994 年修订并颁布了 GB 7718—1994《食品标签通用标准》,并于 1995 年实施。2004 年 5 月 9 日颁布了 GB 7718—2004《预包装食品标签通则》,2011 年 4 月 20 日发布了 GB 7718—2011《食品安全国家标准 预包装食品标签通则》。与食品标签相关的现行的国家强制性标准还有 GB 13432—2013《食品安全国家标准 预包装特殊膳食用食品标签》、GB 28050—2011《食品安全国家标准 预包装食品营养标签通则》。而 GB 10344—2005《预包装饮料酒标签通则》于 2015 年 3 月 1 日起废止。

(2)《预包装食品标签通则》的意义

食品标签作为沟通食品生产者、销售者和消费者的一种信息传播手段,能够使消费者通过食品标签标注的内容来识别食品和指导自己的消费。根据食品标签上提供的专门信息,有关执法管理部门可以据此确认该食品是否符合有关法律、法规的要求,保护广大消费者的健康和利益,维护食品生产者、经销者的合法权益,保障正当竞争的促销手段。

(二)《预包装食品标签通则》要点与案例详解

1.《预包装食品标签通则》的适用范围

适用于直接提供给消费者的预包装食品标签和非直接提供给消费者的预包装食品标签。不适用于为预包装食品在储藏运输过程中提供保护的食品储运包装标签、散装食品和现制现售食品的标识。

2.必须要求标示的内容

直接向消费者提供的预包装食品标签标示应包括食品名称、配料表、净含量和规格、生产者和(或)经销者的名称、地址和联系方式、生产日期和保质期、贮存条件、食品生产许可证编号、产品标准代号及其他需要标示的内容。

①食品名称必须采用表明食品真实属性的专用名称,不得使用引起消费者误解或混淆的名称。

②配料表必须真实且按加入量的递减顺序——排列;加入量不超过 2% 的配料可以不按顺序排列。如果要强调配料或成分含量时,可特别标示含量。

食品中添加了两种或两种以上同一功能的食品添加剂,可选择分别标示各自的具体名称;或者选择先标示功能类别名称,再在其后加括号标示各自的具体名称或国际编码(INS号)。

③定量包装食品应标明净含量。

④生产者的名称、地址和联系方式应当是依法登记注册、能够承担产品安全质量责任的生产者的名称、地址。

⑤生产日期、保质期应标注在显著位置,规范清晰,符合对比色的要求;若食品需要特定的贮藏条件,必须注明。

⑥实施市场准入的食品应按规定标示食品生产许可证编号。产品标准号应标明产品的标准代号和顺序号。

⑦辐射食品、转基因食品、营养标签、质量(品质)等级应在标识中注明。

3.可豁免的标示内容

①酒精度≥10%的饮料酒、食醋、食用盐、固态食糖类、味精。

②当预包装食品包装物或包装容器的最大表面面积小于 $10\ cm^2$。

③相应产品标准对标注有特殊规定的应按规定如实标注。

4.推荐标示的内容

根据产品需要,推荐标示产品的批号、食用方法和致敏物质。

【案例分析】

案例1:某产品的主要配料是水,其中加入了少量的牛奶、坚果,产品命名为"坚果牛奶"可以吗?

答:不可以。

①GB 7718—2011《食品安全国家标准　预包装食品标签通则》3.5规定:不应直接或以暗示性的语言、图形、符号,误导消费者将购买的食品或食品的某一性质与另一产品混淆。

②GB 7718—2011《食品安全国家标准　预包装食品标签通则》4.1.2.1规定:应在食品标签的醒目位置,清晰地标示反映食品真实属性的专用名称。

此产品主要的配料是水,加入了少量的坚果和牛奶,其产品本质上是饮料,而不是我们传统认知上的"牛奶"。此产品可以用"坚果牛奶饮料"等类似的能反映其饮料属性的名称。

案例2:如下预包装食品标签,"摇滚乐"名称是否合规?

产品名称:	摇滚乐
净含量:	200 克
配料表:	水、黄原胶、卡拉胶、苹果肉(20%)、白砂糖、食用香精
生产日期:	2018 年 10 月 16 日

续表

保质期:	12 个月
执行标准:	GB/T 19883
贮存条件:	常温避光
生产商名称:	上海＊＊＊＊＊公司
生产商地址:	上海市＊＊区＊＊＊路 20 号
生产许可证号:	SC＊
产地:	上海市＊＊区
联系电话:	400＊

答:不合规。

①GB 7718—2011《食品安全国家标准　预包装食品标签通则》4.1.2.1 规定:应在食品标签的醒目位置,清晰地标示反映食品真实属性的专用名称。

②GB 7718—2011《食品安全国家标准　预包装食品标签通则》4.1.2.2 的规定:标示"新创名称""奇特名称""音译名称""牌号名称""地区俚语名称"或"商标名称"时,应在所示名称的同一展示版面标示 4.1.2.1 规定的名称。

③GB/T 19883—2018《果冻》的 8.1.2 规定:标签上应按 4.2 的规定标示分类名称。

"摇滚乐"是商家为了宣传产品而创造的一种创新名称,不能看出食品具体的属性,从执行标准及配料中可以得出此产品的真实属性为果冻。应在食品标签的醒目位置标示反映食品真实属性的名称,应该按照所执行的产品标准 GB/T 19883《果冻》中规定标示其分类名称。此产品可以用"摇滚乐(果肉型果冻)"或"摇滚乐果冻"这类名字,并且在适当的位置标示"果肉型果冻"。

(三)《预包装食品营养标签通则》

1.《预包装食品营养标签通则》全文

2.《预包装食品营养标签通则》概述与意义

(1)《预包装食品营养标签通则》的概述

2009 年 6 月 1 日《中华人民共和国食品安全法》的发布和实施,食品安全标准的定义得以明确,食品营养标签为食品安全标准的一部分。为遵照《食品安全法》并配合其实施,2010 年 2 月,卫生部委托中国疾病预防控制中心营养与食品安全所将《食品营养标签管理规范》转为国家标准。2011 年 11 月 2 日国家卫生部发布了 GB 28050—2011《食品安全国家标准　预包装食品营养标签通则》,通则 2013 年 1 月 1 日起正式实施,符合条件的预包装食品应当按照营养标签标准的要求,强制标示营养标签。

（2）《预包装食品营养标签通则》的意义

根据国家营养调查结果，我国居民既有营养不足，也有营养过剩的问题，特别是脂肪、食盐、胆固醇的摄入较高，是引发慢性病的主要因素。通过实施食品营养标签标准，对预包装食品必须标示营养标签内容有着积极的意义。首先有利于宣传普及食品营养知识，指导公众科学选择膳食；其次有利于促进消费者合理平衡膳食和身体健康；最后有利于规范企业正确标示营养标签，科学宣传有关营养知识，促进食品产业健康发展。

3.《预包装食品营养标签通则》要点与案例详解

（1）《预包装食品营养标签通则》的适用范围

本标准适用于预包装食品营养标签上营养信息的描述和说明。不适用于保健食品及预包装特殊膳食用食品的营养标签标示。

（2）相关术语和定义

①营养标签。

预包装食品标签上向消费者提供食品营养信息和特性的说明，包括营养成分表、营养声称和营养成分功能声称。营养标签是预包装食品标签的一部分。

②营养素。

食物中具有特定生理作用，能维持机体生长、发育、活动、繁殖以及正常代谢所需的物质，包括蛋白质、脂肪、碳水化合物、矿物质及维生素等。

③营养成分。

食品中的营养素和除营养素以外的具有营养和（或）生理功能的其他食物成分。

④核心营养素。

营养标签中的核心营养素包括蛋白质、脂肪、碳水化合物和钠。

⑤营养成分表。

标有食品营养成分名称、含量和占营养素参考值（Nutrient Reference Values，NRV）百分比的规范性表格。

⑥营养素参考值（NRV）。

专用于食品营养标签，用于比较食品营养成分含量的参考值。

⑦营养声称。

对食品营养特性的描述和声明，如能量水平、蛋白质含量水平。营养声称包括含量声称和比较声称。

A. 含量声称。

描述食品中能量或营养成分含量水平的声称。声称用语包括"含有""高""低"或"无"等。

B. 比较声称。

与消费者熟知的同类食品的营养成分含量或能量值进行比较以后的声称。声称用语包括"增加"或"减少"等。

⑧营养成分功能声称。

某营养成分可以维持人体正常生长、发育和正常生理功能等作用的声称。

⑨修约间隔。

修约值的最小数值单位。

⑩食部。

预包装食品净含量去除其中不可食用的部分后的剩余部分。

（3）食品营养标签中强制标示的内容

GB 28050 规定，食品营养标签中强制标示的内容包括四个方面，其中第一条是最基本的，后三条则是在一定情况下需要强制标示的情况，属于"条件性"强制条款。

①标示能量、核心营养素的含量值及其占 NRV 的百分比。

②对除能量和核心营养素以外的其他营养成分进行营养声称或营养成分功能声称时，在营养成分表中还应标示出该营养成分的含量值及其占 NRV 的百分比。

③使用了营养强化剂的预包装食品，除第一条的要求外，在营养成分表中还应标示强化后食品中该营养成分的含量值及其占 NRV 的百分比。

④食品配料含有或生产过程中使用了氢化和（或）部分氢化油脂时，在营养成分表中应标示出反式脂肪（酸）含量。

（4）豁免标示营养标签的七种情形

①生鲜食品。

预先定量包装的、未经烹煮、未添加其他配料的生肉、生鱼、生蔬菜和水果等，如袋装鲜（或冻）虾、肉、鱼或鱼块、肉块、肉馅等。此外，未添加其他配料的干制品类，如干蘑菇、干木耳、干水果、干蔬菜及生鲜蛋等，也属于本标准中生鲜食品的范围。但是，预包装速冻面米制品和冷冻调理食品不属于豁免范围，如速冻饺子、包子、汤圆、虾丸等。

②乙醇含量≥0.5% 的饮料酒类。

主要包括发酵酒、蒸馏酒及其配制酒，以及其他酒类（如料酒等）。上述酒类产品除水分和酒精外，基本不含任何营养素，可不标示营养标签。

③包装总表面积≤100 cm² 或最大表面面积≤20 cm² 的预包装食品。

由于包装面积小，可能无法显著标示营养标签的信息，因此可豁免强制标示营养标签。包装总面积计算可在包装未放置产品时平铺测定。包装最大表面面积的计算方法同 GB 7718附录 A。

④现制现售食品。

主要是指现场制作、销售并可即时食用的食品。但是，食品加工企业集中生产加工、配送到商场、超市、连锁店、零售店等销售的预包装食品，应当按标准规定标示营养标签。

⑤包装饮用水。

指饮用天然矿泉水、饮用纯净水和其他饮用水等，这类产品主要提供水分，基本不提供营养素，因此豁免强制标示营养标签。对饮用天然矿泉水，依据相关标准标注产品的特征性指标,如偏硅酸、碘化物、硒、溶解性总固体含量及主要阳离子(K^+、Na^+、Ca^{2+}、Mg^{2+})含量范围等,不作为营养信息。

⑥每日食用量≤10 g 或 10 mL 的预包装食品。

指食用量少、对机体营养素的摄入贡献较小,或者单一成分调味品的食品,具体包括:调味品(味精、食醋等);甜味料(食糖、淀粉糖、花粉、餐桌甜味料、调味糖浆等);香辛料(花椒、大料、辣椒等单一原料香辛料和五香粉、咖喱粉等多种香辛料混合物);可食用比例较小的食品〔茶叶(包括袋泡茶)、胶基糖果、咖啡豆、研磨咖啡粉等〕;其他(酵母、食用淀粉等)。

但是,对于单项营养素含量较高,对营养素日摄入量影响较大的食品,如腐乳类、酱腌菜(咸菜)、酱油、酱类(黄酱、肉酱、辣酱、豆瓣酱等)及复合调味料等,应当标示营养标签。

⑦其他法律法规标准规定可以不标示营养标签的预包装食品。

(5)营养强化剂的标示

使用了营养强化剂的预包装食品,按照标准规定,应标示强化后食品中该营养素的含量及其占 NRV 的百分比,GB 14880—2012《食品安全国家标准 食品营养强化剂使用标准》中规定了营养强化剂的使用量,指的是在生产过程中允许的实际添加量,而营养标签中则应标示出食品中的最终实际含量。鉴于不同食品原料本身所含的各种营养素含量差异性较大,而且不同营养素在产品生产和货架期的衰减和损失也不尽相同,这二者会存在一定差异。

使用了营养强化剂的预包装食品,其营养成分的标示(包括名称、顺序、表达单位、修约间隔等)应按照 GB 28050 中的表1 要求执行。对于没有列出但我国 GB 14880 中允许强化的营养物质,其标示顺序应按照 GB 28050 的规定位于表1 所列营养素之后。同样,使用了营养强化剂的预包装食品,其营养素的声称(包括营养声称和营养成分功能声称)也应符合 GB 28050 的要求。

对于部分既属于营养强化剂又属于食品添加剂的物质,如维生素 B_2、维生素 C、维生素 E、柠檬酸钾、β - 胡萝卜素、碳酸钙等,如果以营养强化为目的,则应该按照 GB 28050 的要求标示其在最终产品中的含量。如果仅作为食品添加剂使用,则应符合 GB 2760—2014《食品安全国家标准 食品添加剂使用标准》的要求,其在最终产品中的含量也不强制要求标示。

【案例分析】

秦某在重庆某商店购买了 720 瓶 XXX 天然矿泉水。该产品外包装上除标注了特征性指标外,还标注了"pH 值为 7.25 ~ 7.8,呈天然弱碱性,均衡富含对人体有益的硒、锶等 20 多种常量及微量元素。天天饮用,健康长寿"等词句。秦某以该产品没有标明该 20 多种常量及微量元素的含量及其占 NRV 的百分比为由,向人民法院提起诉讼,要求重庆某商店退还货款并给予 10 倍价款赔偿。

法院裁判,GB 28050—2011《食品安全国家标准 预包装食品营养标签通则》规定:对于包装饮用水可豁免强制标示营养标签。XXX 矿泉水包装上标明的 20 多种常量及微量元素,属于矿泉水的特征性指标而非营养信息,可以不予标示。因此,人民法院遂判决驳回了秦某的诉讼请求。

思考题

1. 什么是"一地一证"原则?
2. 申请食品经营许可的条件是什么?
3. 请简述《食品召回管理办法》的意义。
4. 食品营养标签中需要强制标识的内容有哪些?

思政小课堂

项目八　食品流通与贮运相关法律法规

预期学习目标

1. 掌握食品贮藏、包装工艺标准的主要内容；
2. 熟悉食品配送、食品销售相关标准的主要内容；
3. 了解运输工具、站场技术、装卸搬运等其他流通环节法律法规的主要内容。

一、相关案例导读

案例1：您点的外卖食品包装安全吗？

饿了动动手指就能解决吃饭问题，如今网络平台订餐成为广大群众满足饮食消费需求的重要模式。然而，在外卖订餐量高速增长的同时，一次性外卖餐盒等网络外卖食品包装安全问题不容小觑。根据最高人民检察院"公益诉讼守护美好生活"专项监督活动统一部署，浙江省余姚市人民检察院围绕网络食品安全重点领域，办理了全国首例网络外卖食品包装安全行政公益诉讼案。

2020年6月初，针对群众反映的外卖包装安全问题，余姚市检察院采用问卷调查、现场勘验、信息核查、行政机关走访等方式，对辖区10多家提供外卖服务的餐饮店开展调查核实。"我们在调查中发现，外卖商家存在使用无食品安全信息的塑料袋、塑料餐盒，未采用密封可避免送餐人员直接接触食品的包装方式，可能存在食品包装材料有毒有害、配送过程食品被污染等问题。"承办检察官介绍。

调查还发现，部分外卖商家未在外卖平台公示食品安全档案信息，部分持证商家未在登记证中载明从事网络食品经营信息，可能存在超范围经营等问题。在调查核实基础上，办案组将线下监管、线上使用、包装封签、信息公示四方面作为监督重点。（案例来源：中国经济网）

讨论：针对外卖送餐过程中的安全问题，谈谈你的看法。

案例2：冷链物流进入发展快车道。

浙江诸暨市市场监督管理局依托省冷链食品追溯系统，加强对相关企业的溯源管理，让居民吃到放心的进口食品。

随着消费水平提高，冷链物流进入了发展快车道。消费者只需网上一键下单，蔬菜水果、肉禽蛋奶、海鲜水产，以及药品、生物制品等特殊商品，都能第一时间送到家。推动冷链物流迈向高质量发展，须补短板、强弱项，破除发展难题，培育新动能。

"公司充分发挥自有冷库的优势，努力把冷链仓储做大做强，做成地方经济发展离不开的'菜篮子''果盘子'和中转储运中心，逐步搭建起沟通市场和农户的桥梁。"晋城市酷果冷链有限公司总经理部化胜说。

近年来，我国城乡居民收入不断提高，消费者对食品的营养、口感需求提升。"为满足消费者需求,冷链运输是关键,我国冷链物流市场前景广阔。"中国物流与采购联合会冷链物流专业委员会执行副秘书长刘飞说。

2019 年年底召开的中央农村工作会议和 2020 年的中央一号文件,明确提出启动农产品仓储保鲜冷链物流设施建设工程。一些省市出台冷链物流政策和规划,在冷链用地、建设资金等方面给予扶持和补贴。

多方推动之下,我国冷链物流进入快速发展期。截至 2020 年上半年,全国供销合作社系统有冷链设施的企业达 2523 家,冷库总库容 1410 万立方米。江西省供销社今年 2 月份以来与 11 个县(区)政府签订了冷链物流项目投资建设协议。青岛高新区与社交电商每日一淘在冷链生鲜电商项目上达成战略合作,将升级改造当地传统农贸市场。京东冷链打造全国最大的冷链卡班网络,今年生鲜仓储面积将达 40 万平方米。苏宁物流正在北京、上海、广州等 30 个城市建设和筹备建设冷链仓。顺丰拥有 24 座集多温区管理和配送于一体的综合性高标准冷库,运营面积 15 万平方米。

"这几年,冷链物流体系建设初见成效。"中华全国供销合作总社理事会副主任邹天敬说,全国供销合作社系统通过成立专业化冷链公司、加大项目建设力度等方式,加强冷链物流基础设施建设,大力构建以冷链物流为中心、多种形式共同发展的农产品现代流通网络,打通冷链物流的"最先一公里"。(案例来源:国际在线)

讨论:谈谈你对冷链物流的认识,冷链物流中影响食品安全的因素有哪些?

案例 3:鹿城有商家销售"过度捆绑青蟹"被查了!

2021 年 4 月 11 日,记者从鹿城区市场监督管理局获悉,鹿城区市场监督管理局执法人员于 4 月 7 日对辖区某农贸市场进行检查时发现一经营户出售的青蟹存在过度捆绑的情况,当即予以立案查处。

据当事人交代,其未将过度捆绑的青蟹进行解绑在农贸市场销售,经现场称重,上述青蟹加尼龙绳总重量为 1.175 千克,尼龙绳的单独重量 0.31 千克,尼龙绳占总重的 26.38%,远超省级地方标准《青蟹包装规范》规定的捆扎物重量占比标准值 5%[捆扎物重量占比 = (总毛重 - 总净重)/总毛重×100%]。现场取证后,执法人员当场责令该经营户进行整改,将尼龙绳替换为塑料扣进行重新捆绑包装销售,并将对其违法行为进行立案查处。

4 月 8 日,鹿城区市场监督管理局对该农贸市场主办方进行约谈,告诫市场主办方要积极承担主体职责,落实长效管理机制,指导经营户自觉规范销售,做好自查与整改,进一步维护青蟹规范称重行为。(案例来源:温州网讯)

讨论:食品包装相关要求有哪些?

二、食品流通

所谓食品流通,是指以食品的质量安全为核心,以消费者的需求为目标,围绕食品采购、储存、运输、供应、销售等过程环节而进行的管理和控制活动。食品(特别是生鲜食品)在流通中对环境条件(如温度和湿度)要求极为严格,需要在尽可能短的时间内迅速配送到目的地,否则其营养、质量、安全状况将大打折扣,甚至严重影响消费者的健康和权益。据统计,一些易腐食品(如奶制品、海鲜等)售价的七成是用来补贴在流通过程中货损的支出。因此,食品流通问题已影响人类的健康、社会的稳定和经济的发展。如何解决食品流通问题,保护人民身体健康,已成为我国政府当前的一项迫切任务。

食品流通包括商流和物流两个方面,它的基本活动主要有运输、贮藏、装卸搬运、包装、流通加工、配送、信息处理及销售等。食品流通过程与食品安全密切相关,涉及原料、加工工艺过程、包装、贮运及生产加工的相关因素(环境、物品、人员等)等一系列过程中可能影响食品质量安全的因素,如在农产品流通中可能涉及的微生物、化学品污染等。所以需要建立"田间生产→收购→加工→流通→消费"的统一安全管理体系和标准体系。

三、运输工具标准

主要包括运输车辆、船、搬运车辆、装载工具等相关术语、类型代码、规格和性能标准以及相应的操作方法标准等。通过对运输工具实施标准化,有利于各种运输工具配合与衔接,实现多种运输方式的联运,提高运输效率。

GB/T 14521.1～14521.9—2015《运输机械术语》,是对运输机械类型、主要参数、装置和零部件、带式运输机、埋刮板运输机、板式运输机、螺旋运输机、流体运输机和提升机制定的系列标准。

四、站场技术标准

主要包括站台、堆场等技术规范和工艺标准。不同运输方式所要求的站场不一致而导致在运输装卸时人力和物力的浪费。通过规范站台、堆场就可以保证不同的运输方式能够在统一的站台、堆场进行装卸作业,可以提高工作效率。

与站场技术相关的标准有 GB/T 11601—2000《集装箱进出港站检查交接要求》和GB/T 13145—2018《冷藏集装箱堆场技术管理要求》。

五、运输方式及作业规范标准

运输是一个系统,制定各种运输方式标准和作业规范,将有利于运输的合理分工、配合协作,有利于发挥各种运输方式的运输潜力。

GB/T 6512—2012《运输方式代码》是根据欧洲经济委员会国际贸易程序简化工作组的第 19 号推荐标准《运输方式代码》而制定的,在技术内容和结构上等同采用第 19 号推荐标准。GB/T 6512 规定了运输方式的基本分类代码结构及表示运输工具类别的运输方式代码,适用于我国国际贸易有关文件(单证、报文)中使用标明运输方式的一切场合,也适用于我国行政、运输、商业等领域的业务所涉及的运输方式的标识。

在运输作业规范方面,我国颁布了 GB/T 20014.11—2005《良好农业规范　第 11 部分:畜禽公路运输控制点与符合性规范》。

六、食品贮藏标准

贮藏和运输是流通过程中的两个关键环节,被称为"流通的支柱"。贮藏的概念包括商品的分类、计量、入库、保管、出库、库存控制及配送等多种功能。

我国与食品贮藏相关的标准主要有:

①仓库布局标准:GB/T 18768—2002《数码仓库应用系统规范》、GB 50072—2010《冷库设计规范》。

②贮藏保鲜技术规程,此项技术标准大多是关于果蔬的,如 GB/T 16862—2008《鲜食葡萄冷藏技术》、GB/T 17479—1998《杏冷藏》、GB/T 8559—2008《苹果冷藏技术》、NY/T 1189—2017《柑橘储藏》、GB/T 18518—2001《黄瓜贮藏和冷藏运输》等标准,分别规定了贮藏前的处理、贮藏的温度、湿度和贮藏期限等内容。

七、食品包装工艺标准

包装工艺过程就是对各种包装原材料或半成品进行加工或处理,最终将产品包装成为商品的过程。包装工艺规程则是文件形式的包装工艺过程。食品包装工艺、规程的标准化是指必须按"提高品质、严格控制有害物质含量"的有关标准,设计每道工序、确定每项工艺,并制定科学、严格和可行的操作规程。包装工艺标准化的主要内容包括如下几个方面:

1.容量标准化

容量即为每个包装中的产品数量。食品包装容量是标准化的重要内容,数量的过多过少均是不合规范的,不便于食品的贮藏、运输与销售。

2.产品状态条件的标准化

包装产品的状态,如温度、物理外形或浓度都会影响食品的贮存期,因此应该规范产品的状态条件。

3.包装材料标准化

在选用合适、卫生的包装材料的同时,将现场操作时的材料准备状态标准化,必要时需将包装材料部件组装成形以供产品充填。

4.包装速度规范化

包装速度也应规范化,它是控制成本和质量的因素之一,包装速度取决于所采用的工艺装备的自动化程度。

5.包装步骤说明

包装步骤是指选定生产线的操作规程。

6.规定质量控制要求

八、装卸搬运标准

目前我国已颁布的装卸方面的标准有:GB/T 8487—2010《港口装卸术语》、GB/T 17382—

2008《系列 1 集装箱　装卸和栓固》、GB 13561.1—2009《港口连续装卸设备安全规程　第 1 部分:散粮筒仓系统》、GB/T 13561.2—2008《港口连续装卸设备安全规程　第 2 部分:气力卸船机》、GB/T 13561.3—2009《港口连续装卸设备安全规程　第 3 部分:带式输送机、埋刮板输送机和斗式提升机》、GB/T 13561.6—2006《港口连续装卸设备安全规程　第 6 部分:连续装卸机械》,以及 QB/T 2588—2012《制酒饮料机械　卸箱机》、QB/T 2589—2012《制酒饮料机械 装箱机》等行业标准。其中 GB/T 17382—2008《系列 1 集装箱　装卸和栓固》适用于各种地表运输中集装箱重箱和空箱。

搬运方面的标准有:GB/T 12738—2006《索道术语》、GB/T 17119—1997《连续搬运设备　带承载托辊的带式输送机、运行功率和张力的计算》、GB/T 19400—2003《工业用机器人　抓握型夹持器物体搬运　词汇和特性表示》等。

九、食品配送标准

配送是在经济合理区域范围内,根据用户要求,对物品进行拣选、加工、包装、分割、组配等作业,并按时送达指定地点的物流活动。配送是由集货、配货、送货三部分有机结合而成的流通活动,配送中的送货是短距离的运输。配送与传统的"送货"存在明显的区别,在配送业务活动中包含的分货、选货、加工、配发、配装等工作是具有一定难度的作业。配送不仅是分发、配货、送货等活动的有机结合形式,同时,它与订货、销售系统也有密切联系。因此,必须依赖物流信息的作用,建立完善的配送系统,形成现代化的配送方式。

配送的一般流程是:进货→存贮→分拣→配货、配装→发送。进货是组织货源的过程,可采取订货或购货的方式,也可采取集货或接货的方式。存贮是按照用户要求并依据配送计划将购到或收集到的各种货物进行检验,再分门别类地存贮在相应的设施场所中以备挑选和配货。分拣和配货是同一流程中的两项紧密联系的活动,大多是同时进行和完成的,而且多是采用机械化和半机械化方式操作的。发送是配送的终结,一般包括搬运、配装和交货等活动。

目前我国颁布的配送方面的标准有 GB/T 18715 - 2002《配送备货与货物移动报文》。该标准适用于国内和国际贸易,以通用的商业管理为基础,而不局限于其特定的业务类型和行业,规定了在配送中心管辖范围内的仓库之间发生的配送备货服务等方面。

十、食品销售标准

食品销售就是将产品的所有权转给用户的流通过程,也是以实现企业销售利润为目的的经营活动,产品只有经过销售才能实现其价值,创造利润,实现企业的价值。销售是包装、运输、贮藏、配送等环节的统一,是流通的最后一个环节。而实现食品销售的重要因素就是市场。商务部等八部委联合组织制定了 GB/T 19220—2003《农副产品绿色批发市场》和 GB/T 19221—2003《农副产品绿色零售市场》两个国家标准,二者均从场地环境、设施设备、商品管理、市场管理等方面对销售市场进行了规定。两个绿色市场标准对市场流通标准体系建设和规范市场流通环节具有重要意义。

思考题

1. 食品贮藏标准都有哪些？
2. 食品配送标准都有哪些？
3. 运输方式和作业规范标准都有哪些？

思政小课堂

项目九　食品职业道德

预期学习目标

1. 掌握道德、职业道德和食品职业道德的概念；

2. 熟悉食品职业道德的基本内容；

3. 了解食品职业道德与行业规范的区别和联系。

一、相关案例导读

案例 1："假奶粉"再现！引发婴儿"大头"，涉事老板为上市乳企高管。

作为祖国的花朵，儿童成长的健康关乎着一个国家和一个民族未来的希望！2008 年震惊全国的三聚氰胺奶粉事件无疑让 13 亿中国人至今还笼罩在奶粉安全的阴影中。但可恨的是，如今类似这样的悲剧又再现于世了！

2020 年 5 月 11 日，有媒体报道湖南郴州永兴县有母婴店以蛋白固体饮料冒充婴幼儿奶粉进行销售欺骗消费者。致使多名孩子长期将这种饮料当主食饮用后，出现了颅骨突出、用手拍头、发育迟缓等症状。最可怕的是，孩子的颅骨会慢慢凸起，看起来就像是"大头娃娃"，经医生诊断均患上了佝偻病。

而这些家长们最终发现，这些孩子之所以会出现这些症状是因为在之前都食用过一种名叫"倍氨敏"的"奶粉"！经相关部门调查取证后才发现，这种所谓的"奶粉"根本不是奶粉，而是一种不具备特医奶粉资质的"固体饮料"，其中不含有任何婴儿成长所需的营养成分，婴儿长期服用会造成营养不良及各种疾病！

目前政府相关单位已开启对涉事商家的彻查工作，将对涉事商家、厂商依法从严从重处罚！此次湖南"大头娃娃"事件所售卖的虽然不是假奶粉，而是将蛋白质固体饮料冒充婴幼儿奶粉卖给家长。但其恶劣性质却是相同的，最终都导致婴幼儿出现发育不良、颅骨突出等问题。（案例来源：成都商报）

讨论：你认为此次事件违反了哪条食品相关法律？试分析事件的主要原因。

案例 2：江苏省常州市双桂坊美食街是我国餐饮行业食品安全的典范，开办"放心餐饮道德讲堂"，赋予了双桂坊美食街"老字号"新生命。为了保证食品安全，双桂坊餐饮管理有限公司推行长效机制"六统一"管理模式，实现了自美食街开业以来食品安全问题处理"零反复"，食品安全投诉"零拒绝"，重大食品安全事故"零发生"。

常州市双桂坊美食街坚持以道德立身，凭良心经营，靠诚信兴业，抓住食品行业诚信经营这个根本，利用开办"放心餐饮道德讲堂"，传播社会道德规范，树立坚守良心、诚信为先、责任为重的行业风尚，受到广大群众的充分信赖和欢迎。2011 年被江苏省餐饮行业协会评为"诚信经营示范街"，CCTV－1、CCTV－4、CCTV－7 等新闻媒体也曾多次采访报道。

央视《焦点访谈》栏目于2012年8月4日,以《舌尖上的诚信》报道了双桂坊的成功经验。每年接待消费者500万人次以上。

讨论:食品企业为什么要开办道德讲堂? 有何意义?

案例3:恪守职业道德,制售放心食品。

中央宣传部、中央文明办等7部门2008年11月28日起组织开展"百家食品企业践行道德承诺"活动,百家食品企业发出践行道德承诺倡议。倡议全文如下:

为贯彻落实科学发展观,促进经济平稳较快发展,中央宣传部、中央文明办、工业和信息化部、国资委、国家工商总局、国家质检总局、全国工商联以"以诚实守信为荣、以见利忘义为耻"为主题,组织开展"百家食品企业践行道德承诺"活动,这是保障人民群众身体健康和生命安全的利国利民之举,我们百家食品企业带头响应,积极参与,信守以下承诺并向所有食品企业发出倡议:

①恪守职业道德,制售放心食品。按照社会主义荣辱观的要求,引导企业干部职工讲道德、守诚信,切实做到"以诚实守信为荣、以见利忘义为耻",把知荣避耻贯穿于企业决策、企业管理之中,体现在生产经营的过程之中,生产和销售让消费者信得过的食品。

②遵守法律法规,接受社会监督。在企业生产经营过程中,自觉遵守国家法律法规,自觉接受政府监管部门和消费者监督,向社会发布企业产品质量和服务质量标准,让企业的生产经营过程置于广大消费者的监督之下。

③严格经营管理,确保产品质量。具备确保食品质量的生产环境和生产技术装备,保证在生产、销售食品的各个环节符合国家标准,确保食品质量符合人民群众的身体健康和生命安全要求。

④严把材料关口,杜绝食品污染。做到生产食品所用的原材料、添加剂等符合国家标准,严格执行原辅材料采购供应制度,在食品包装、运输、贮存过程中,确保食品的清洁安全、无毒无害,符合卫生标准。

⑤完善服务体系,做到负责到底。制定完善《突发食品安全事故的快速应急制度》及《有害食品召回、追回制度》,如食品质量出现问题,迅速采取有效措施进行补救,主动承担相应法律责任。建立健全售后服务,依法赔偿消费者损失,切实保护消费者合法权益。

我们希望全国所有食品企业都积极参加到践行道德承诺活动中来,切实履行社会责任,正确认识义利关系,以实际行动讲道德、守诚信,制售安全放心产品,对社会负责,对广大消费者负责,为促进经济平稳较快发展作出积极贡献。(案例来源:新华社)

讨论:试分析职业道德与法律法规的关系?

二、认识食品职业道德

民以食为天,食以安为先。食品安全直接关系到人民的健康和生命,也关系到经济的发展和社会的稳定。近年来,食品安全违法行为屡禁不止,食品安全事故时有发生,使得食品安全成为了社会广泛关注的焦点。一系列食品安全事件背后,除了制度与监管问题外,一个重要的原因就是一些食品从业者失去了道德、职业操守,成为牟利者或其帮凶。提高食品从业人员的法制观念和诚信职业道德,已经成为当前社会发展的迫切需要。

(一)食品职业道德的含义

1.道德

道德是指人们共同生活及其行为的准则与规范。

2.职业道德

职业道德,就是人们从事某个职业应共同遵守的准则与规范。职业道德是社会道德体系的重要组成部分,具有调节职业交往中从业人员内部及从业人员与服务对象间的关系、维护和提高本行业的信誉及促进本行业发展的作用。

3.食品职业道德

食品职业道德,是从事食品行业的人,在职业活动的整个过程中,应该遵守的行为规范和行为准则。食品行业是一个特殊的行业,职业道德在食品行业中的意义也比其他行业更加明显,在这个行业中从事任何工作,都应以保证食品安全为根本宗旨和方向。

食品生产者不能因为利益驱动而制作出会伤害他人生命安全和身体健康的食品;食品经营者应以诚信为本,不销售假冒伪劣产品;餐饮服务提供者应以安全为原则,严格遵守餐饮服务过程中的卫生规范,保障餐桌安全。从某种意义上来看,食品工业就是一个道德工业。

(二)食品职业道德的基本内容

由于食品安全问题涉及范围非常广,而且异常复杂,这就意味着不是哪一个部门或哪一个人可以轻易解决的问题,需要政府、企业和社会的共同努力。基于食品安全问题的现实性,所有食品从业人员都应加强内省,加强自身职业道德修养建设,将本职工作做到尽善尽美。

除了爱岗敬业、遵纪守法、文明礼貌、公平公正、勇于创新等各行业基本职业道德外,食品职业道德的基本内容还包括人道主义原则、义利原则、诚信原则、仁爱原则与为人民服务的原则等方面。

1.人道主义原则

人类的发展一直遵循重视生命、维护安全的人道主义路线。人道主义原则包括尊重生命原则和安全原则。

大量有毒食品事件的发生,违背了人道主义原则,既不尊重生命价值,也带来了巨大的安全问题。生产食品的最终目的,是为人类提供安全优质的食品,在满足社会人群对食品需要的同时,实现生产者自身的利益和人生价值。

①尊重生命原则,指的是要维护尊重人的价值和尊严。"己所不欲,勿施于人。"自己不愿意生命和健康受到伤害,也就不能去伤害其他人的生命和健康。恻隐之心,人皆有之,当看到别人处在病痛、流血、生命遭受摧残时,自己也本能地感到痛苦。于是同情之心、好生之德油然而生。

②安全原则,指的是没有危险,不受威胁,不出事故。安全是人生的基本需求,追求安全是人类的本能。在食品行业中坚持这一原则,不仅要保证食品生产、流通过程中的安全性,也要确保人们在食用过程中的安全性。但是现在一些食品生产者在经济利益的驱使下,忘记了生产食品的最终目的。为了降低食品生产的成本,他们生产了很多不合格的劣质产品并让其流入市场,导致了食品安全事件的频繁出现,影响了食品食用者的生命安全,也使食品生产厂家本身的利益受到了威胁。

2.义利原则

古语有云,"君子爱财,取之有道""不义富且贵,于我如浮云"。义利原则,是中国古代社会的主流伦理思想,"以义为先,义利并举"是立身处世的终极追求,是每个中国人耳熟能详的道德准则。义利原则是用来调节社会集团与集团之间、个人与社会之间、个人与个人之间利益的思想武器,因而它具有重要的现实意义。

义利原则是指我们在追求利益的同时,必须符合社会正义原则。一个食品企业,不能只考虑自己的利益,还要充分考虑企业的社会责任。食品企业的成功,绝不仅仅是这个企业单独的努力所造成的,而是社会各界共同作用的结果,所以每个食品企业都应牢记自己的社会责任,时时为社会大众的利益着想,这才是食品企业永恒的"价值观"。

义利原则要求食品从业人员具有顾全大局的基本素质,不为眼前的利益斤斤计较,在从事食品相关工作时要坚持"义"与"利"相统一的原则,以平等、互利、讲信用为基准,就定能实现事业的兴旺发达。

3.诚信原则

诚信是社会契约的前提,道德是商业文明的基石。诚实守信是人类生活的最基本要求,在各个时代各个民族中都受到普遍的重视。在现代社会,诚实守信具有更特殊、更重要的地位和作用。但是一谈起食品安全,普通百姓虽然不是已经到了谈"吃"色变的地步,在购买食品时也是提心吊胆,生怕遭遇食品"杀手"。造成食品安全这种尴尬局面的因素固然很多,但与我国市场经济体制不相适应的社会信用体系缺失,却是最致命的因素之一。

食品是人类的必需品,食品行业具有广阔的市场空间,拥有不错的利润空间,但竞争也激烈异常。在食品行业中坚持诚信原则,与消费者建立信任关系,是使企业在行业中立于不败之地的根本。

4.仁爱原则

仁爱原则,指的是我们在从事职业工作时应时刻保持宽仁慈爱,应当设身处地地为别人考虑。

仁爱是中华民族传统美德。中国传统伦理思想一向尊重人的尊严和价值,崇尚"仁爱"原则,主张仁者爱人,强调要推己及人,关心他人。在现今食品安全不容乐观的大环境下,作为食品从业人员,更应该设身处地地为他人着想,时刻警醒自己的工作给整个社会造成的可能影响,应该为公众的健康负责,不能为自身利益而去损害他人利益。仁爱是人生的精神依托,没有仁爱之心,便没有了同情他人的感情,食品安全就无法保证。

5.为人民服务原则

为人民服务是社会主义道德建设的核心,是社会主义道德建设的出发点和落脚点。

由于食品安全具有公共产品属性,而市场机制在公共产品的提供上又往往难以起作用,保障食品安全是各国政府的重要责任。政府在食品安全监管中,具有特别重要的地位和作用。对于食品从业人员来说,为人民服务原则即是全心全意为人民服务。具体来说:第一,要敬业,要尊重自己从事的工作,安心本职工作;第二,要乐业,要热爱自己从事的工作,忠于职守做好自己的工作;第三,要勤业,要勤勤恳恳地做好本职工作,业精于勤荒于嬉,在做好自己本职工作的基础上不断提升自己的技艺,不断满足人民群众日益增长的食品消费需求。

(三)食品从业人员职业道德修养

食品从业人员加强职业道德修养,既是从业人员自我完善、自我发展的需要,也是食品安全的必然要求。

职业道德修养的方法多种多样,但是都要求从业人员建立良好的职业心态。这就要求从业人员加强理论学习,从理论高度真正认识社会主义职业道德的真谛与先进性,树立正确的职业道德信念,加强职业心态的自我修炼。

食品从业人员职业道德修炼,要求食品从业人员树立正确的人生观和价值观,坚持学习职业道德规范,努力学习食品科学文化知识和专业技能,提高专业水平和文化修养;要求从业人员从培养自己良好的行为习惯开始,学习先进人物的优秀品质,不断激励自己,并经常自我反思,增强自律性。

总体来说,食品从业人员职业道德修养的提高,一方面靠他律,即社会的培养和组织的教育;另一方面就取决于自己的主观努力,即自我修养。两个方面是缺一不可的,而后者更加重要。

三、食品职业道德与行业规范的区别和联系

食品职业道德,是食品从业人员在职业活动的整个过程中应该遵守的行为规范和行为准则,属于道德范畴,是一种内在的、非强制性的约束机制。行业规范是指在一个行业中共同遵守的行为规范和标准,属于法律范畴,是一种外在的、在一定范围内具有强制性的约束机制。在食品行业中,职业道德与行业规范相互独立又相互补充。

(一)食品职业道德与行业规范的区别

①从产生和发展来看,食品职业道德在食品行业形成时就产生了,而食品行业规范则要在行业发展到一定阶段,由行业共同体制定出来,因此食品职业道德的产生要比行业规范早得多。但是,食品职业道德的内容是相对稳定的,不同时期的食品职业道德,内容基本相同或稍有增加;而食品行业规范则是不断变化的,需要随着行业的发展而及时更新。经过一定的发展时期,行业规范会废止,但是食品职业道德依然存在。

②食品职业道德与行业规范调整的对象与范围有所不同。在现代社会,行业规范调整的对象仅限于从业人员的外在行为,食品职业道德所调整的不仅是从业人员的外在行为,也规范从业人员的内在心理动机。即使在调整从业人员外在行为的问题上,食品职业道德所调整的范围也比行业规范要广泛。

③食品职业道德与行业规范所依托的力量与行为后果也不一样。行业规范是国家或行业共同制定出来的,在一定范围内具有强制性,如不遵守往往属于违法行为,应承担相应的法律责任;而食品职业道德依靠的是社会舆论,其约束力要比行业规范小,违反食品职业道德规范的后果是行为人要受到社会舆论的谴责,以及行为人自身的自责、内疚、忏悔。

(二)食品职业道德与行业规范的联系

食品职业道德与行业规范都属于上层建筑,都是为食品行业服务的,两者相辅相成、相互促进、相互推动。其关系具体表现在:

第一,从食品职业道德和行业规范的作用来看,它们是相辅相成、相互促进的。首先,食品职业道德补充了行业规范的空白。行业规范只在食品行业的某些领域才有,其范围非常有限,而食品职业道德所调整的范围囊括了食品行业的方方面面;在行业规范还未产生时期,食品从业人员的行为也是由食品职业道德去约束的。其次,由于食品职业道德的约束力要比行业规范小,因此单单依靠食品职业道德去规范食品从业人员的行为是远远不够的,行业规范也是食品职业道德的有益补充。再次,行业规范的制定是建立在一定食品职业道德上的,没有职业道德的行业规范,是无法获得人们的尊重和自觉遵守的;而行业规范所包含的评价标准与大多数从业人员最基本的道德信念是一致或接近的,所以行业规范的实施对职业道德的形成和普及起了重大作用。

第二,从食品职业道德和行业规范的内容来看,二者有相互重叠的部分。职业道德可分为两类:第一类是社会有序化要求的职业道德,即行业发展要维系下去所必不可少的"最低限度的职业道德",如保证食品安全、诚实守信等;第二类包括那些有助于提高生活质量、增进人与人之间紧密关系的原则,如文明礼貌、为人民服务等。其中,第一类职业道德通常会以行业规范的形式进行具体化。

第三,食品职业道德和行业规范有相互转换的关系。某些职业道德,如安全原则,随着行业的发展,逐渐凸现出来,被认为对社会是非常重要的并有被经常违反的危险,立法者就有可能将之纳入行业规范或法律法规的范围。

我国食品安全建设,不但需要国家层面在法律法规上的制度保障,更需要社会层面对食品从业人员的道德约束。

思考题

1.什么是道德、职业道德和食品职业道德?

2.食品职业道德的基本内容有哪些？

3.请简述食品职业道德和行业规范的区别和联系。

思政小课堂

参考文献

[1] 国家环境保护总局有机食品发展中心组. 有机食品的标准、认证与质量管理[M]. 北京：中国计量出版社, 2005.

[2] 钱和. HACCP原理与实施[M]. 北京：中国轻工业出版社, 2010.

[3] 全国人民代表大会常务委员会. 食品安全法(2018修正)[Z]. 2018.

[4] 王世平. 食品标准与法规[M]. 北京：科学出版社, 2017.

[5] 蔡健, 徐秀银. 食品标准与法规[M]. 2版. 北京：中国农业大学出版社, 2015.

[6] 李援.《中华人民共和国食品安全法》解读与适用[M]. 北京：人民出版社, 2009.

[7] 艾志录, 鲁茂林. 食品标准与法规[M]. 南京：东南大学出版社, 2006.

[8] 张建新. 食品标准与技术法规[M]. 2版. 北京：中国农业出版社, 2014.

[9] 胡秋辉, 王承明. 食品标准与法规[M]. 北京：中国计量出版社, 2009.

[10] 艾志录. 食品标准与法规[M]. 北京：科学出版社, 2017.

[11] 李春田. 标准化概论[M]. 6版. 北京：中国人民大学出版社, 2014.

[12] 张建新. 食品质量安全技术标准法规应用指南[M]. 北京：科学技术文献出版社, 2002.

[13] 周才琼, 张平平. 食品标准与法规[M]. 北京：中国农业大学出版社, 2017.

[14] 朱建军, 林向阳. 食品安全法律法规文件汇编[M]. 北京：法律出版社, 2012.

[15] 吴晓彤. 食品法律法规与标准[M]. 北京：科学出版社, 2013.

[16] 吴澎, 李宁阳, 张淼. 食品法律法规与标准[M]. 北京：化学工业出版社, 2019.

[17] 陈志成. 食品法规与管理[M]. 北京：化学工业出版社, 2005.

[18] 钱志伟. 食品标准与法规[M]. 2版. 北京：中国农业出版社, 2011.

[19] 张建新, 陈宗道. 食品标准与法规[M]. 北京：中国轻工业出版社, 2011.

附　录

常见的食品相关法律法规简称表如附表所示。

附表　常见的食品相关法律法规简称表

序号	全称	简称
1	中华人民共和国食品安全法	食品安全法
2	中华人民共和国农产品质量安全法	农产品质量安全法
3	中华人民共和国消费者权益保护法	消费者权益保护法
4	中华人民共和国计量法	计量法
5	中华人民共和国产品质量法	产品质量法
6	中华人民共和国产品公司法	公司法
7	中华人民共和国外商投资法	外商投资法
8	中华人民共和国侵权责任法	侵权法
9	中华人民共和国广告法	广告法
10	中华人民共和国标准化法	标准化法
11	中华人民共和国进出口商品检验法	进出口商品检验法
12	中华人民共和国国家赔偿法	国家赔偿法
13	中华人民共和国行政诉讼法	行政诉讼法
14	中华人民共和国对外贸易法	对外贸易法
15	中华人民共和国招标投标法	招投标法